园林工程造价算量一例通

张国栋　主编
工程造价员网

中国建筑工业出版社

图书在版编目（CIP）数据

园林工程造价算量一例通/张国栋主编. —北京：中
国建筑工业出版社，2016.12
ISBN 978-7-112-19779-8

Ⅰ. ①园… Ⅱ. ①张… Ⅲ. ①园林-工程造价
Ⅳ. ①TU986.3

中国版本图书馆 CIP 数据核字（2016）第 213584 号

园林工程造价算量一例通以《建设工程工程量清单计价规范》GB 50500—2013、《园林绿化工程工程量计算规范》GB 50858—2013 为依据，全书以某小游园绿化工程为主线，从前到后系统介绍了园林工程工程量清单计价及定额计价的基本知识和方法。主要内容包括某小游园绿化工程工程概况及说明、某小游园绿化工程工程图纸识读、某小游园绿化工程清单工程量计算、某小游园绿化工程定额工程量计算、某小游园绿化工程工程量清单表、某小游园绿化工程工程算量要点提示等，以一个背景题材为线索，结合工程算量的步骤分别从不同的方面详细讲解，做到了工程概况阐述清晰，工程图纸排列有序，工程算量有条不紊，工程单价分析前呼后应，工程算量要点提示收尾总结。让读者可以循序渐进，层层剖析，现学现会。

责任编辑：赵晓菲　毕凤鸣
责任设计：李志立
责任校对：李美娜　关　健

园林工程造价算量一例通

张国栋　主编

工程造价员网

*

中国建筑工业出版社出版、发行（北京海淀三里河路 9 号）

各地新华书店、建筑书店经销

霸州市顺浩图文科技发展有限公司制版

北京云浩印刷有限责任公司印刷

*

开本：787×1092 毫米　1/16　印张：13　字数：302 千字

2017 年 5 月第一版　2017 年 5 月第一次印刷

定价：30.00 元

ISBN 978-7-112-19779-8

（29073）

编写人员名单

主　　编　张国栋　工程造价员网

参　　编　赵小云　郭芳芳　陈艳平　张紧紧

　　　　　王希玲　马　波　刘　瀚　洪　岩

　　　　　范曼曼　曹　品　赵小杏　张照奇

　　　　　陈金玲　刘书玲　崔凯文　梁林杰

　　　　　蔡俊杰　郭小段　梁　萍　张　宇

前　　言

为了推动《建设工程工程量清单计价规范》GB 50500—2013、《园林绿化工程工程量计算规范》GB 50858—2013 的实施，帮助造价工作者提高实际操作水平，我们特组织编写此书。

本书通过一个完整的案例，结合定额和清单分成不同的层次，具体操作过程按照实际预算的过程步步为营，慢慢过渡到不同项目的综合单价的分析。书中通过一个完整的实例，在整体布局上尽量做到按照造价操作步骤进行合理安排，从工程概况—图纸识读—相应的清单和定额工程量计算—对应的综合单价分析—重要的重点提示，按照台阶上升的节奏一步一步进深，进而将整本书的前后关联点串讲起来，全书涉及园林工程造价知识点比较全面，较完整将园林工程造价的操作要点及计算要核汇总在一起，为造价工作者提供了完善且可靠的参考资料。

本书在编写时参考了《建设工程工程量清单计价规范》GB 50500—2013、《园林绿化工程工程量计算规范》GB 50858—2013 和相应定额，以实例阐述各分项工程的工程量计算方法和相应综合单价分析，同时也简要说明了定额与清单的区别，其目的是帮助工作人员解决实际操作问题，提高工作效率。

该书在工程量计算的时候改变了以前传统的模式，不再是一连串让人感到枯燥的数字，而是在每个分部分项的工程量计算之后相应地跟有详细的注释解说，读者即使不知道该数据的来由，在结合注释解说后也能够理解，从而加深对该部分知识的应用。

本书与同类书相比，其显著特点是：

（1）实际操作性强。书中主要以实际案例详解说明实际操作中的有关问题及解决方法，便于提高读者的实际操作水平。

（2）涵盖全面。通过一个完整的工程实例，从最初的工程概况介绍到相应分项工程的综合单价分析，系统且全面地讲解了建筑工程造价所包含的内容与操作步骤。

（3）在前面的工程量计算与综合单价分析之后，将重要的工程算量计算要点列出来，方便读者快捷学习和使用。

（4）该书结构清晰，内容全面，层次分明，针对性强，覆盖面广，适用性和实用性强，简单易懂，是造价者的一本理想参考书。

本书在编写过程中，得到了许多同行的支持与帮助，在此表示感谢。由于编者水平有限和时间紧迫，书中难免有错误和不妥之处，望广大读者批评指正。如有疑问，请登录 www.gczjy.com（工程造价员网）或 www.ysypx.com（预算员网）或 www.debzw.com（企业定额编制网）或 www.gclqd.com（工程量清单计价网），或发邮件至 zz6219@163.com 或 dlwhgs@tom.com 与编者联系。

目　　录

第1章 某小游园绿化工程工程概况及说明

1.1 工程概况及说明

某小游园需要进行绿化，长度和宽度分别为 60m 和 50m。其土壤为二类干土。绿地为喷播草坪，总绿化面积为 1383.5m²。游园共有四个广场，其中广场三设置有一个喷泉；有三个水池，水池栽植了供观赏的睡莲；三条石板园路；一条钢筋混凝土路面的道路；游园栽植了许多种类的植物，主要有合欢、法桐、香樟、黄山栾树、大叶女贞、金叶女贞、桧柏、月季、紫叶小檗、火棘、金钟连翘、紫荆、高羊茅、睡莲、木香等；在游园的各个角落设置了供游客休息的休息座椅及具有一定欣赏性的蘑菇亭，另外在游园的北边也有供游客欣赏和歇息的花架；为了使游园具有观赏性，在游园设置了景墙、景观柱、雕塑等。整个游园的布置主要突出满足游人娱乐休闲的功能，该设计充分考虑到游人的需要，集景观、休闲、娱乐为一体，为游人提供一个心旷神怡的环境。

1.2 工程做法

1）现浇混凝土均为自拌。

2）只需简单的整理，无须砍、挖、伐树。

3）种植设计均为普坚土种植。

4）道路采用的是钢筋混凝土路面，具体的道路结构层为：

（1）100mm 厚预制混凝土大块路面；

（2）50mm 厚水泥砂浆；

（3）180mm 厚 3：7 灰土垫层；

（4）50mm 厚混凝土垫层；

（5）素土夯实。

5）园路一、园路二、园路三采用的是石板路面，具体的园路结构为：

（1）40mm 厚花岗石石板；

（2）30mm 厚水泥砂浆找平；

（3）100mm 厚 C15 混凝土垫层；

（4）100mm 厚碎石垫层；

（5）150mm 厚 3∶7 灰土垫层；

（6）素土夯实。

6）广场一的结构层：

（1）50mm 厚预制混凝土假冰片面层；

（2）50mm 厚砂垫层；

（3）250mm 厚灰土垫层；

（4）素土夯实。

7）广场二、四的结构层：

（1）60mm 厚高强度透水型混凝土路面砖；

（2）50mm 厚粗砂；

（3）250mm 厚灰土垫层；

（4）素土夯实。

8）广场三的结构层：

（1）60mm 厚无图案广场砖；

（2）50mm 厚砂垫层；

（3）250mm 厚灰土垫层；

（4）素土夯实。

9）花坛的结构：

（1）花坛一的坛壁采用的是深红色瓷砖贴面、砖砌结构；

（2）花坛二的坛壁采用的是花岗石贴面、毛石结构、C15 混凝土垫层。

10）花廊：

（1）花廊是弧形的，外弧长为 30736mm，内弧长为 26667mm，宽度为 3991mm；

（2）花廊有 16 个柱子，采用的长钢筋混凝土柱，钢筋混凝土柱埋深 480mm，柱的基础结构层为：50mm 厚混凝土、30mm 厚 3∶7 灰土、素土夯实；

（3）花廊的走廊的结构层为：30mm 厚大理石、20mm 厚水泥砂浆、100mm 厚混凝土垫层、素土夯实。

11）水池：

某小游园有 3 个水池，3 个水池的结构层相同。

（1）池底的结构层为：蓝色瓷砖贴面、20mm 厚 1∶3 水泥砂浆、150mm 厚混凝土、100mm 厚 3∶7 灰土、素土夯实；

（2）池壁是钢筋混凝土结构，采用的是浅绿色花岗石贴面。

12）景墙：

景墙位于水池一中，共有 3 个景墙，景墙面上有 4 个圆形，半径分别为 375mm、314mm、177mm、96mm；景墙是砖砌结构，表面采用的是水刷石面。

13）坐凳：

坐凳的尺寸为 700mm×300mm，坐凳基础埋深 280mm，坐凳采用的是钢筋混凝土结构、C10 素混凝土垫层、素土夯实。

14）喷泉：

（1）喷泉管道：

① 主给水管道采用的是 DN50 的焊接钢管，长度为 8.5m，接市政给水系统；

② 主排水管道采用的是 DN100 的焊接钢管，长度为 6.8m，接市政排水系统；

③ 喷泉分水管道采用的是 DN30 的焊接钢管，半径为 1.331m；

④ 各给水排水管道外刷一遍银粉漆。

（2）喷泉喷头：采用的是喇叭花形喷头，管径为 50mm。

（3）其他设施：

① 水下采用 80W 的密封型彩色白炽灯具；

② 池底埋设截面 $50mm^2$ 的铝芯电缆 10.5m，且采用管径为 10mm 的石棉水泥管保护；

③ 喷泉槽、循环水池铺设的是铸铁格栅盖板。

（4）各部位的结构层：

① 循环水池的基础结构层为防水水泥砂浆、200mm 厚混凝土、200mm 厚 3：7 灰土、素土夯实；

② 循环水池和喷泉槽之间铺设的是灰绿色花岗石贴面、20mm 厚 1：2 水泥砂浆、200mm 厚 3：7 灰土、素土夯实；

③ 喷泉槽基础结构层为防水水泥砂浆、100mm 厚混凝土、100mm 厚 3：7 灰土、素土夯实。

15）石灯：

石灯采用的是 80W 的普通白炽灯，石灯的保护罩采用的是磨砂玻璃，石灯采用的是钢筋混凝土柱，10mm 厚的水泥砂浆柱面，基础埋深 650mm，基础采用的是 150mm 厚 3：7 灰土垫层。

16）汀步采用的是 300mm×700mm×100mm 青条石、30mm 厚水泥砂浆、素混凝土基础。

17）雕塑底座的结构层为砖砌雕塑底座、水泥砂浆、灰色花岗石贴面。

18）蘑菇亭：

蘑菇亭为圆锥式攒尖亭，外刷白色涂料，亭坐凳为圆环形。

（1）蘑菇亭的基础为 C20 钢筋混凝土基础、砂石垫层、素土夯实；

（2）蘑菇亭坐凳的基础结构为 200mm 厚混凝土基础、100mm 厚砂石垫层、素土夯实；

（3）蘑菇亭路面的结构为 30mm 厚块石铺装、15mm 厚水泥砂浆、100mm 厚混凝土垫层、素土夯实。

19）景观柱：

景观柱为钢筋混凝土结构，表面用水泥砂浆抹出柱面图案，景观柱基础埋深 850mm，采用 150mm 厚 3：7 灰土垫层及素土夯实处理。

1.3 植物种类及数量

某小游园所栽植的植物种类及数量见表 1-1 所示。

植物种类及数量 表 1-1

序号	植物名称	规　格	单位	数量
1	合欢	胸径 6cm	株	3
2	法桐	胸径 15cm	株	7
3	香樟	胸径 10cm	株	12
4	黄山栾树	胸径 10cm	株	8
5	大叶女贞	胸径 8cm	株	6
6	金叶女贞	高 1.2m,冠径 1.5m	株	21
7	桧柏	胸径 1.5cm	株	9
8	月季	7 株/m²	株	150
9	紫叶小檗	高 0.6m	m²	11.52
10	火棘	高 0.7m,宽 0.8m	m	225.5
11	金钟连翘	2 株/m²	株	238
12	紫荆	胸径 6cm	株	18
13	高羊茅	喷播草坪	m²	1264.6
14	睡莲	养护期三年	丛	25
15	木香	养护期两年	株	8

第2章 某小游园绿化工程工程图纸识读

2.1 园林绿化工程识读基本概念

（1）乔木：直立主干且高达 5m 以上的木本植物，通常见到的高大树木均是乔木。

（2）灌木：常在基部发出多个枝干的木本植物。

（3）棕榈植物：最主要的特点就是不分枝，使它们尤其是使其中单干型的种类具有简练的高度和自然完整形的树冠的园林特征；其次，棕榈植物的叶大型，使得每一叶片具独立的观赏价值并极富感染力；可以基本保持原状，免除了大量的人工修剪。

（4）色带：指一定地带同种或不同种花卉及观叶植物配合起来所形成的具有一定面积的有观赏价值的风景带。

（5）胸径应为地表面向上 1.2m 高处树干直径。

（6）冠径又称冠幅，应为苗木冠丛垂直投影面的最大直径和最小直径之间的平均值。

（7）蓬径应为灌木、灌丛垂直投影面的直径。

（8）地径应为地表面向上 0.1m 高处树干直径。

（9）干径应为地表面向上 0.3m 高处树干直径。

（10）株高应为地表面至树顶端的高度。

（11）冠丛高应为地表面至乔（灌）木顶端的高度。

（12）篱高应为地表面至绿篱顶端的高度。

2.2 栽植植物常用的图例

栽植植物的常用图例如表 2-1 所示。

栽植植物的常用图例　　　　　　　　　　　表 2-1

序号	名　称	图　例	说　明
1	落叶阔叶乔木		落叶乔、灌木均不填斜线； 常绿乔、灌木加画 45°细斜线。 阔叶树的外围线用弧裂形或圆形线；

序号	名 称	图 例	说 明
2	常绿阔叶乔木		
3	落叶针叶乔木		针叶树的外围线用锯齿形或斜刺形线。 乔木外形成圆形； 灌木外形成不规则形。 乔木图例中粗线小圆表示现有乔木，细线小十字表示设计乔木。 灌木图例中黑点表示种植位置。 凡大片树林可省略图例中的小圆、小十字及黑点
4	常绿针叶乔木		
5	落叶灌木		
6	常绿灌木		
7	阔叶乔木疏林		—
8	针叶乔木疏林		常绿林或落叶林根据图画表现的需要加或不加45°细斜线
9	阔叶乔木密林		—
10	针叶乔木密林		
11	落叶灌木疏林		—
12	落叶花灌木疏林		—
13	常绿灌木密林		

序号	名　称	图　例	说　明
14	常绿花灌木密林		—
15	自然形绿篱		—
16	整形绿篱		—
17	镶边植物		—
18	一、二年生草本花卉		—
19	多年生及宿根草本花卉		—
20	一般草皮		—
21	缀花草皮		—
22	整形树木		—
23	竹丛		—
24	棕榈植物		—

序号	名　称	图　例	说　明
25	仙人掌植物		
26	藤本植物		
27	水生植物		

2.3　某小游园的施工图纸

某小游园的施工图纸如图 2-1～图 2-57 所示。

2.4　园林绿化工程施工图

1. 总平面图

总平面图是园林总体规划设计图的总称，主要反映了园林建筑、园林植物种植类型及位置、园路、山石、水体等。当园林用地范围比较大，总平面图绘制比例小，在总平面图上没有清晰表达设计元素时，也会分区绘制大样图。

总平面图的识图要点：

（1）看指北针，了解园林的项目范围；

（2）看等高线和水位线，了解地形和水体布置情况；

（3）看园林、水体、植物的布置情况。

2. 竖向设计图

竖向设计图是根据设计平面图及原地形图绘制的地形详图，主要表示地形、建筑物、植物、园路等在竖直方向上的变化情况。

竖向设计图的读图要点：

（1）看指北针，了解园林绿化所处的方位；

（2）看等高线，了解地形高低变化、排水方向等；

（3）看建筑、园路的高程。

3. 植物配置图

植物配置图是用相应的平面图例在图样上表示栽植植物的种类、数量、种植位置和规格的图样，并有苗木统计表说明植物的规格、数量等，必要时还需要种植详图，以此说明植物栽植的情况，见表 2-2。

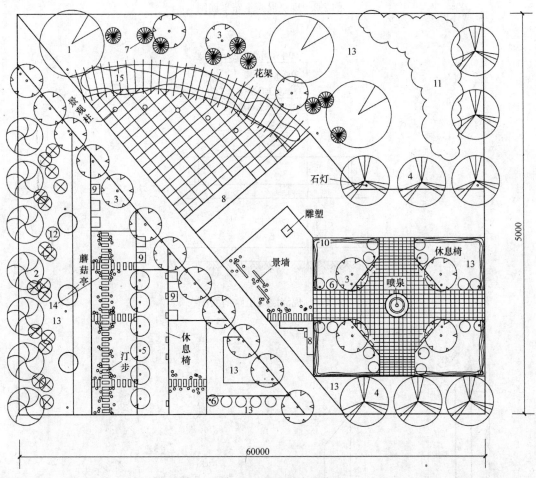

图 2-1　绿地总平面图

植物名称　　　　　　　　　　　　　　　　　　　　　　表 2-2

编号	名称	编号	名称
1	合欢	9	紫叶小檗
2	法桐	10	火棘
3	香樟	11	金钟连翘
4	黄山栾树	12	紫荆
5	大叶女贞	13	高羊茅
6	金叶女贞	14	睡莲
7	桧柏	15	木香
8	月季		

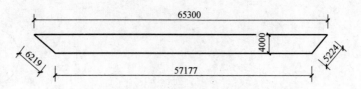

图 2-2　现浇混凝土路平面图

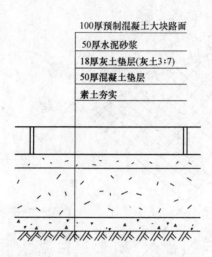

图 2-3　现浇混凝土路剖面图

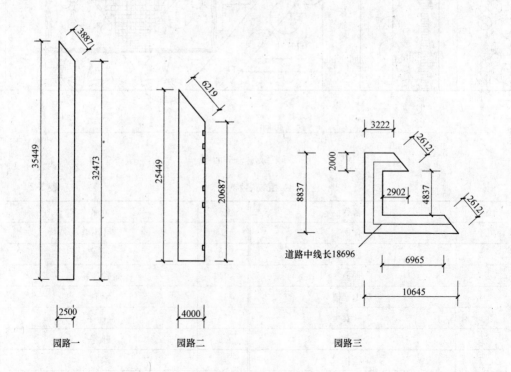

图 2-4　石板园路平面图

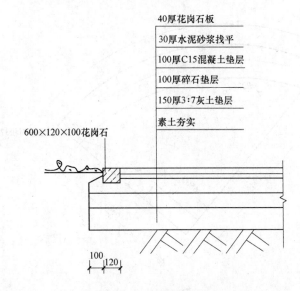

图 2-5　石板园路剖面图

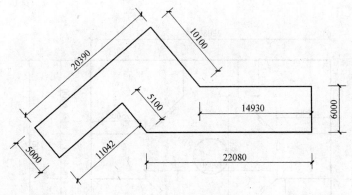

图 2-6　广场一平面图

植物配置图的读图要点：

（1）看指北针，了解植物栽植的方位；

（2）看图中植物编号和苗木统计表，了解栽植植物的种类、数量、配置方式等；

（3）看植物的定位尺寸，了解植物种植的位置和定点放线的基准；

（4）看种植详图，了解栽植植物的施工要求。

4. 建筑施工图

园林建筑的形式比较多，主要有亭、台、楼、阁、花架等。本节对园路建筑施工图进行介绍。园路建筑施工图主要有园路平面图、园路纵断面图、园路横断面图、园路铺装详图，其中路线平面图主要表达园路的路线；园路纵断面图主要反映了路线的地面起伏情况；园路横断面图主要反映了某一断面的桩号、断面面积、地面中心到路基中心的高差，是土石方计算的依据；园路铺装详图主要反映了园路路面层的结构和铺装情况。

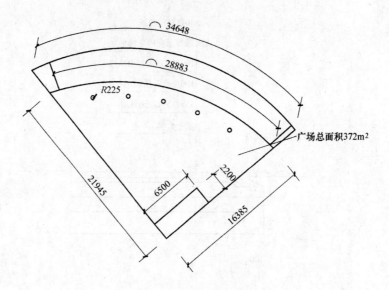

图 2-7　广场二平面图

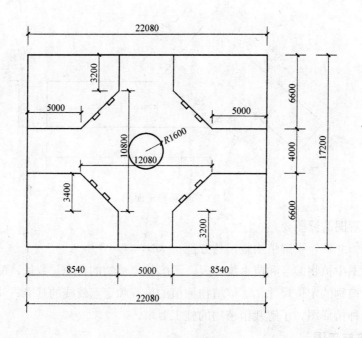

图 2-8　广场三平面图

5. 结构施工图

结构施工图主要反映了建筑物各承重物件的布置、形状、大小、材料及其相互关系。结构施工图主要有基础图、上部结构布置图和结构详图。

1) 基础图

基础图主要反映了建筑物地面以下基础部分的平面布置图和详细构造的图样。基础图主要有基础平面图和基础详图。

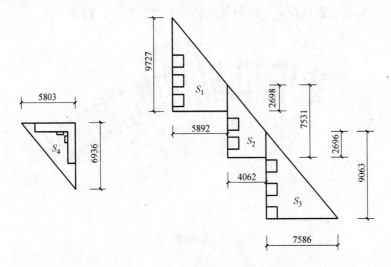

图 2-9　广场四平面图

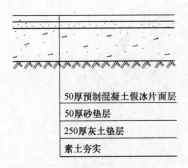

图 2-10　广场一剖面图

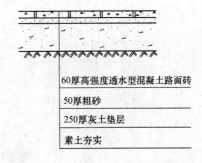

图 2-11　广场二、广场四剖面图

基础图的读图要点：

（1）看平面图了解基础尺寸、形状；

（2）看平面图了解基础的布置情况；

（3）看基础详图了解基础的类型、基础的埋置深度；

（4）看基础详图了解基础的形状、大小、构造等。

2）上部结构布置图

上部结构布置图主要反映了承重构件布置的图样。

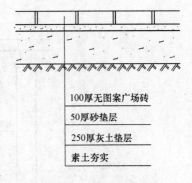

图 2-12　广场三剖面图

3）结构详图

结构详图主要反映了承重构件的形状、大小、材料、构造和连接等情况。

结构详图的读图要点：

（1）看构件的形状、尺寸；

（2）看钢筋的布置情况，了解钢筋的公称直径、长度、数量。

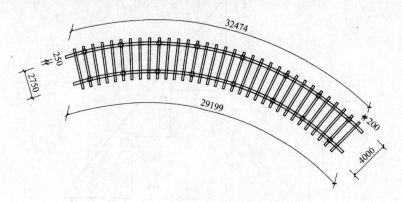

图 2-13　花廊顶平面图

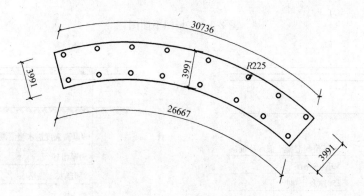

图 2-14　花廊底平面图

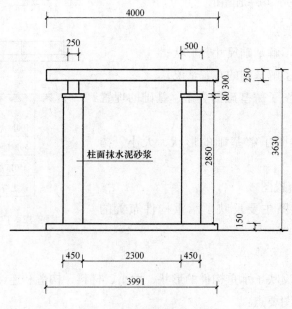

图 2-15　花廊侧立面图

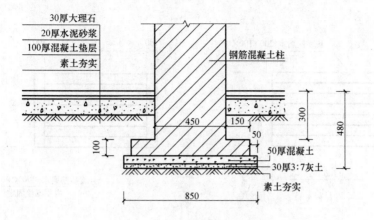

图 2-16　花廊柱基础剖面图

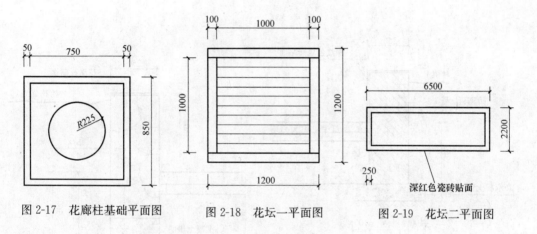

图 2-17　花廊柱基础平面图　　　图 2-18　花坛一平面图　　　图 2-19　花坛二平面图

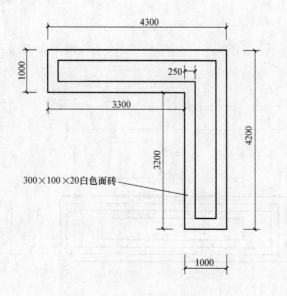

图 2-20　花坛三平面图

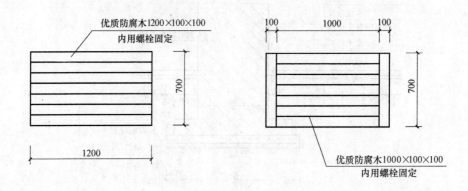

图 2-21　花坛一立面图

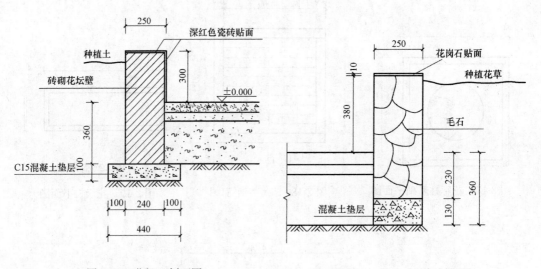

图 2-22　花坛二剖面图　　　　　图 2-23　花坛三局部剖面图

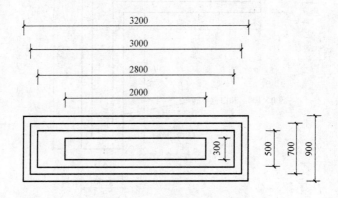

图 2-24　景墙基础平面图

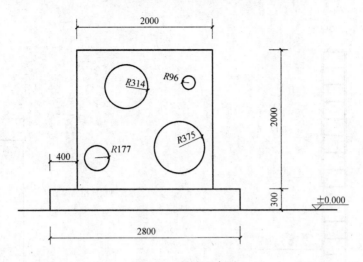

图 2-25　景墙立面图

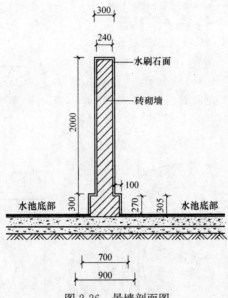

图 2-26　景墙剖面图

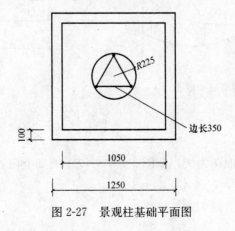

图 2-27　景观柱基础平面图

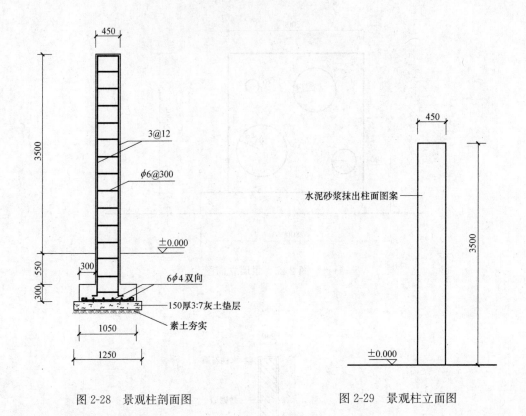

图 2-28　景观柱剖面图　　　　　　　　图 2-29　景观柱立面图

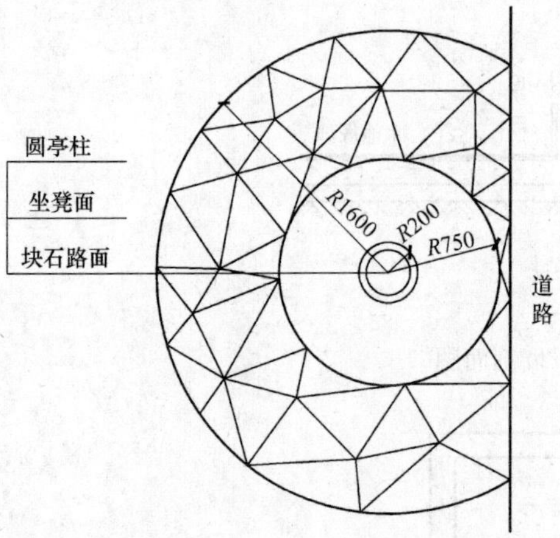

图 2-30　圆锥亭底平面图 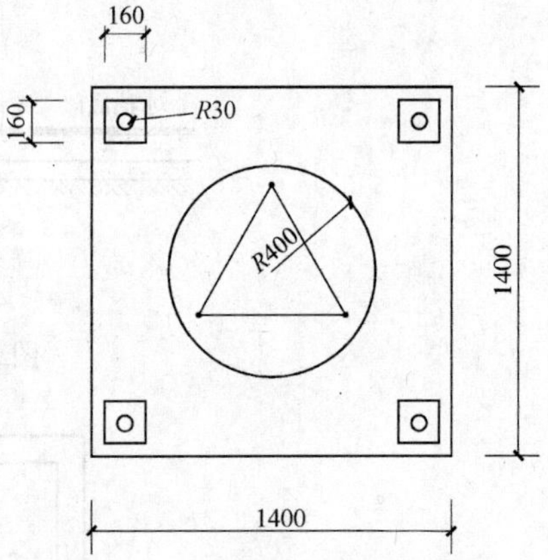　　　　　　　图 2-31　圆锥亭基础平面图

6. 读图举例

1）总平面图

以图 2-1 绿地总平面图为例，从图 2-1 中可以了解如下内容：

（1）绿地东西长 60m，南北长 50m；

（2）该绿地共栽植 15 种植物；

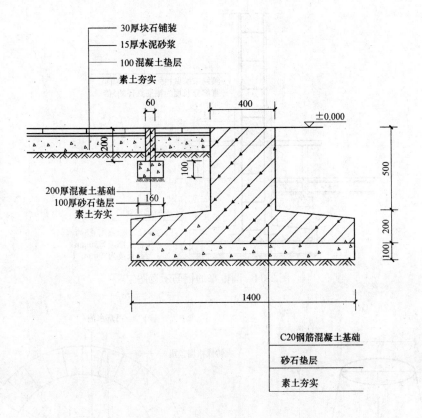

图 2-32　圆锥亭基础剖面图

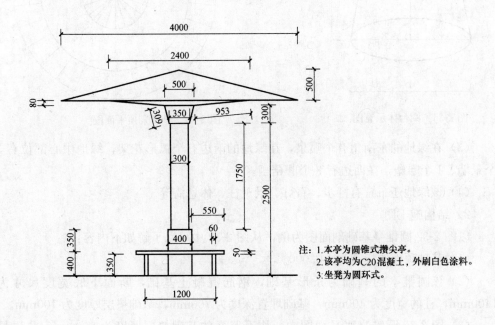

图 2-33　圆锥亭立面图

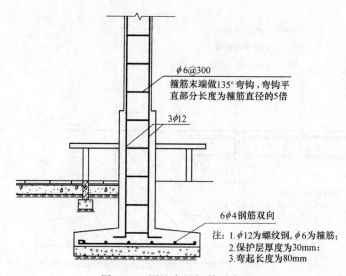

图 2-34　圆锥亭的钢筋示意图

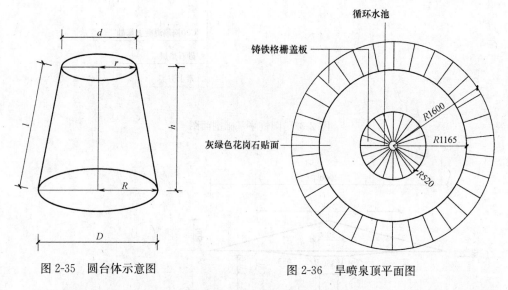

图 2-35　圆台体示意图　　　　　　　　图 2-36　旱喷泉顶平面图

（3）在绿地的东南角有个喷泉，在绿地的南边有个弧形花架，绿地中心部位有 3 个景墙、1 个雕塑，在西边有 3 个蘑菇亭。

（4）该绿地还布置有汀步、石灯、景观柱、休息椅等。

2）结构施工图

以图 2-32 圆锥亭基础剖面图为例，从图 2-32 中可以了解如下内容：

（1）基础顶面的标高为±0.000。

（2）该圆锥亭的基础为条形基础，钢筋混凝土基础，断面下底宽度尺寸为 1400mm，柱的宽度为 400mm，基础埋置深度为 700mm，基础垫层厚度为 100mm。

（3）图 2-30 圆锥亭底平面图中，块石路面的基础垫层厚度为 100mm，垫层是 15mm 厚的水泥砂浆，面层铺装采用的是 30mm 厚的块石。

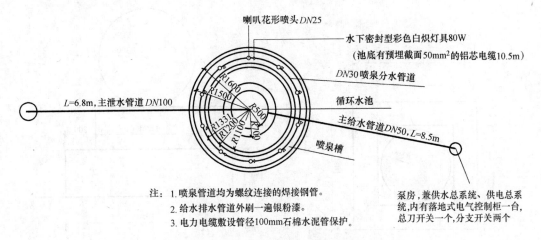

注：1. 喷泉管道均为螺纹连接的焊接钢管。
　　2. 给水排水管道外刷一遍银粉漆。
　　3. 电力电缆敷设管径100mm石棉水泥管保护。

图 2-37　喷泉底平面图

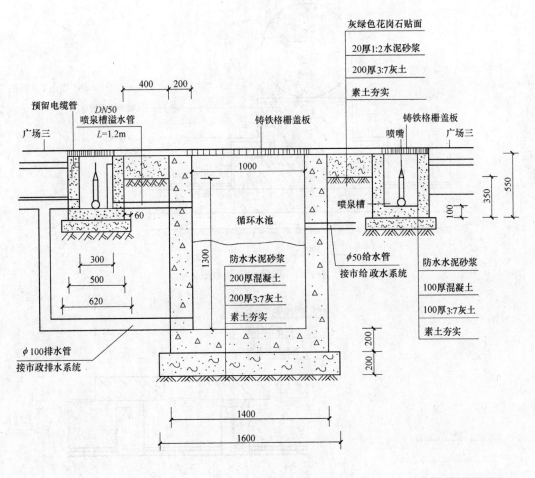

图 2-38　喷泉剖面图

（4）图 2-33 圆锥亭立面图中，坐凳面的支撑柱基础为独立柱基础，埋置深度为200mm，其尺寸为 60mm×200mm；基础垫层为 100mm 厚的砂石垫层。

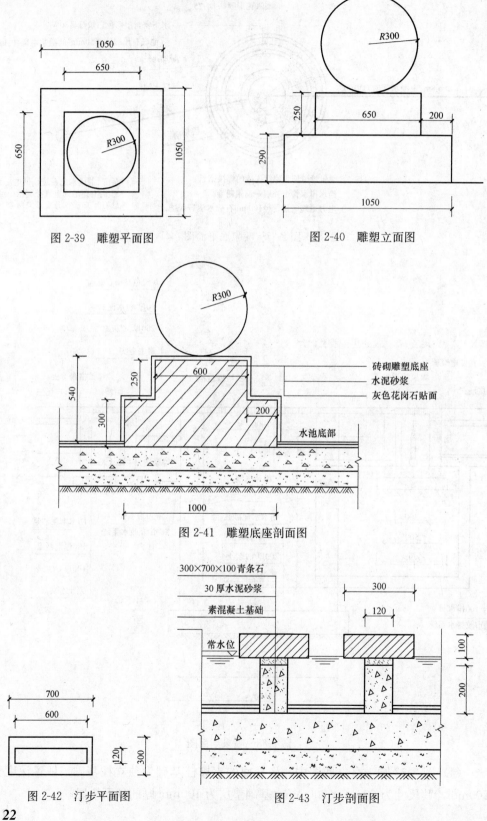

图 2-39　雕塑平面图

图 2-40　雕塑立面图

图 2-41　雕塑底座剖面图

图 2-42　汀步平面图

图 2-43　汀步剖面图

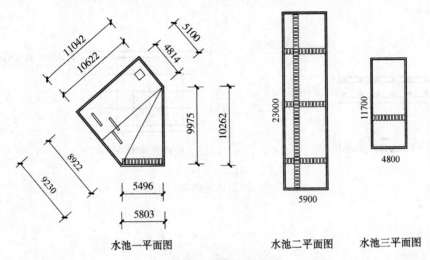

水池一平面图　　　　水池二平面图　　水池三平面图

图 2-44　水池平面图

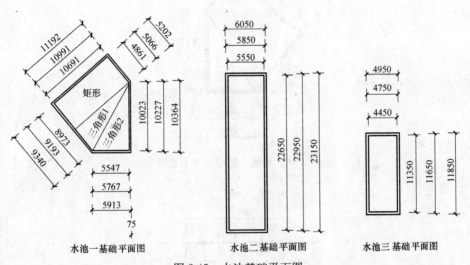

水池一基础平面图　　　　水池二基础平面图　　水池三基础平面图

图 2-45　水池基础平面图

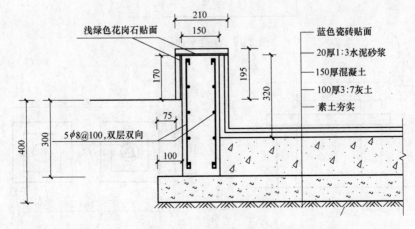

注意：$\phi 8$ 为圆钢，保护层厚度为 30mm；单位质量 $V_{\phi 8}=0.395$kg/m。

图 2-46　水池剖面图

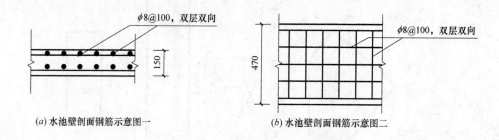

(a) 水池壁剖面钢筋示意图一　　　　　(b) 水池壁剖面钢筋示意图二

图 2-47　水池池壁钢筋示意图

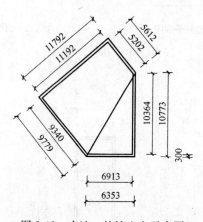

图 2-48　水池一的挖土方示意图

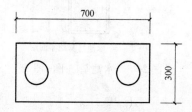

图 2-49　坐凳平面图

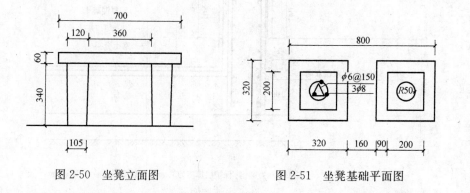

图 2-50　坐凳立面图　　　　　图 2-51　坐凳基础平面图

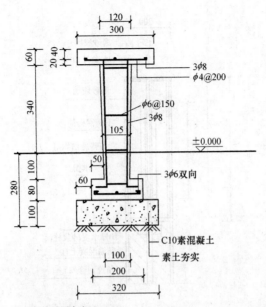

注：1.保护层厚度为30mm。
　　2.90°弯起长度为40mm。
　　3.箍筋$\phi6$，末端做135°弯钩，弯钩平直部分为钢筋直径的5倍。
　　4.单位质量$V_{\phi4}=0.099kg/m$，$V_{\phi8}=0.395kg/m$，
　　　$V_{\phi6}=0.222kg/m$，$V_{\phi12}=0.888kg/m$。

图 2-52　坐凳剖面图

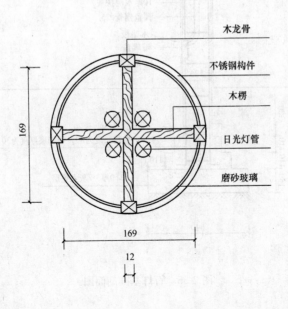

图 2-53　石灯灯头横剖图

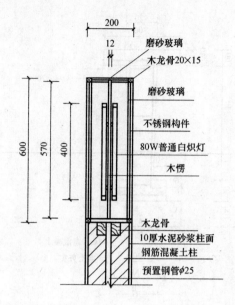

图 2-54　石灯灯头剖面图

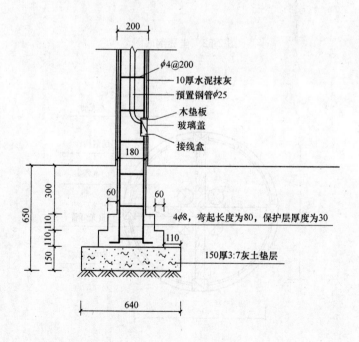

图 2-55　石灯基础剖面图

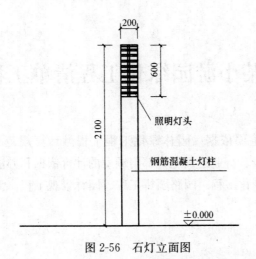

图 2-56　石灯立面图

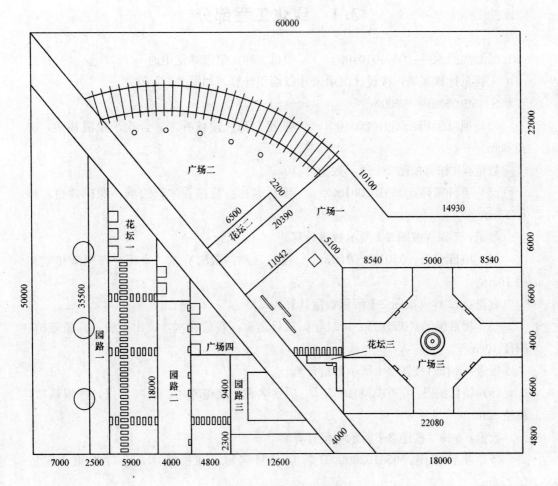

图 2-57　总平面尺寸详图

第3章　某小游园绿化工程清单工程量计算

清单工程量计算主要依据《园林绿化工程工程量计算规范》GB 50858—2013、设计图纸、国家或省级、行业建设主管部门颁发的计价依据和办法等。园林绿化工程主要有三部分内容：绿化工程、园路园桥工程、园林景观工程，清单工程量是依据此顺序——进行计算的。

3.1　绿化工程部分

（1）项目编码：050101010001　　项目名称：整理绿化用地

工程量计算规则：按设计图示尺寸以面积计算，如图 2-1 所示。

$S＝60×50m^2＝3000m^2$

（2）项目编码：050102001001　　项目名称：栽植乔木，合欢，裸根栽植，胸径 6cm

数量：3 株（按图 2-1 所示数量计算）

（3）项目编码：050102001002　　项目名称：栽植乔木，法桐，裸根栽植，胸径 15cm

数量：7 株（按图 2-1 所示数量计算）

（4）项目编码：050102001003　　项目名称：栽植乔木，香樟，裸根栽植，胸径 10cm

数量：12 株（按图 2-1 所示数量计算）

（5）项目编码：050102001004　　项目名称：栽植乔木，黄山栾树，裸根栽植，胸径 10cm

数量：8 株（按图 2-1 所示数量计算）

（6）项目编码：050102001005　　项目名称：栽植乔木，大叶女贞，裸根栽植，胸径 8cm

数量：6 株（按图 2-1 所示数量计算）

（7）项目编码：050102002001　　项目名称：栽植灌木，金叶女贞，灌丛高 1.2m

数量：21 株（按图 2-1 所示数量计算）

（8）项目编码：050102001006　　项目名称：栽植乔木，桧柏，裸根栽植，胸径 1.5cm，高 3m

数量：9 株（按图 2-1 所示数量计算）

（9）项目编码：050102008001　　项目名称：栽植花卉，月季

工程量计算规则：按设计图示数量或面积计算。

由花坛一平面图图 2-18、花坛三平面图图 2-20 得：

工程量为：$S=[6.5×2.2+4.3×1+(4.2-1)×1]m^2=21.8m^2$

【注释】　　6.5m——花坛一的长；

　　　　　　2.2m——花坛一的宽；

　　　4.3、4.2m——花坛三的边长；

　　　　　　1m——花坛三的宽。

（10）项目编码：050102007001　　项目名称：栽植色带，紫叶小檗

工程量计算规则：按设计图示数量或面积计算。

由总平面尺寸图 2-1 得：

工程量为：$S=1.2×1.2×8m^2=11.52m^2$

【注释】　　1.2m——花坛二的边长；

　　　　　　8——花坛的个数。

（11）项目编码：050102005001　　项目名称：栽植绿篱，火棘

工程量计算规则：按设计图示长度或面积计算。

由绿地总平面图图 2-1、总平面尺寸详图图 2-57 得：

工程量为：$L=(6.6+8.54)×4m=60.56m$

【注释】　　6.6m——火棘的南北长度；

　　　　　　8.54m——火棘的东西长度；

　　　　　　4m——火棘绿篱的个数。

（12）项目编码：050102008002　　项目名称：栽植花卉，金钟连翘

工程量计算规则：按设计图示数量或面积计算。

由绿地总平面图图 2-1 得：

工程量为：$S=118.9m^2$

（13）项目编码：050102001007　　项目名称：栽植乔木，紫荆，裸根栽植，胸径 6cm

数量：18 株（按图 2-1 所示数量计算）

（14）项目编码：050102013001　　项目名称：喷播植草，高羊茅

工程量计算规则：按设计图示面积计算。

工程量为：$S=S_{总绿地面积}-S_{金钟连翘}=(1383.5-118.9)m^2=1264.6m^2$

（15）项目编码：050102009001　　项目名称：栽植水生植物，睡莲

工程量计算规则：按设计图示数量或面积计算。

由绿地总平面图图 2-1 得：

工程量为：25 丛

（16）项目编码：050102006001　　项目名称：栽植攀缘植物，木香

工程量计算规则：按设计图示数量或面积计算。

工程量为：8 株（按图 2-1 所示数量计算）

3.2 园路、园桥工程部分

1. 园路

1）混凝土园路

项目编码：050201001001   项目名称：园路

工程量计算规则：按设计图示尺寸以面积计算，不包括路牙。

由图 2-2 现浇混凝土路平面图、图 2-3 现浇混凝土路剖面图得：

现浇混凝土路的工程量为：

$$S=\frac{(57.177+65.3)}{2}\times 4m^2=244.95m^2$$

【注释】   57.177m——现浇混凝土路的短边线长；

  65.3m——现浇混凝土路的长边线长；

  4m——现浇混凝土路的宽度。

2）石板路

项目编码：050201001002   项目名称：园路

工程量计算规则：按设计图示尺寸以面积计算，不包括路牙。

由石板园路平面图图 2-4、石板园路剖面图图 2-5、坐凳立面图图 2-50 得：

石板路的工程量为：$S=S_1+S_2+S_3$

【注释】 S_1——石板路一的面积；

  S_2——石板路二的面积；

  S_3——石板路三的面积。

$$S_1=\frac{(23.473+35.449)}{2}\times 2.5m^2=73.72m^2$$

【注释】   23.473m——石板路一的短边长；

  35.449m——石板路一的长边长；

  2.5m——石板路一的路宽。

$$S_2=\frac{(20.681+25.449)}{2}\times 4m^2=92.26m^2$$

【注释】   20.681m——石板路二的短边长；

  25.449m——石板路二的长边长；

  4m——石板路二的宽度。

$$S_3=\left[\frac{(3.222+2.902+2)}{2}\times 2\frac{(6.965+10.645+1)}{2}\times 2+4.837\times 2\right]m^2$$

$$=(8.124+19.61+9.674)m^2$$

$$=37.41m^2$$

【注释】　2m——石板路三的宽度。

$$S=(73.72+92.26+37.41)m^2=203.39m^2$$

2. 广场一

项目编码：050201001003　　项目名称：园路

工程量计算规则：按设计图示尺寸以面积计算，不包括路牙。

由广场一平面图图 2-6 得：

广场一的工程量为：

$$S=\left[20.390\times5+(20.390-11.42)\times5.1+\frac{(14.930+22.08)}{2}\times6\right]m^2$$
$$=(101.95+45.747+111.03)m^2$$
$$=258.73m^2$$

3. 广场二

项目编码：050201001004　　项目名称：园路

工程量计算规则：按设计图示尺寸以面积计算，不包括路牙。

由广场二平面图图 2-7 得：

广场二的工程量为：

$$S=S_{广场}-S_{景观柱}-S_{花坛}-S_{花廊平台}$$

由景观柱基础平面图图 2-27、广场二平面图图 2-7 得：

$$S_{景观柱}=3.14\times0.225^2\times5m^2=0.795m^2$$

【注释】　3.14——圆周率；

　　0.225m——景观柱的半径；

　　　5——景观柱的个数。

由广场二平面图 2-7 得：

$$S_{花坛}=6.5\times2.2m^2=14.3m^2$$

【注释】　6.5m——花坛的长；

　　2.2m——花坛的宽。

$$S_{花廊}=\frac{(26.667+30.736)}{2}\times3.991m^2$$
$$=28.7015\times3.991m^2$$
$$=114.55m^2$$

【注释】　26.667m——花廊平台的内弧长；

　　30.736m——花廊平台的外弧长；

　　3.991m——花廊的平台宽。

$$S=(372-0.795-14.3-114.55)m^2=242.36m^2$$

【注释】　372m²——广场二的总面积。

4. 广场三

项目编码：050201001005　　项目名称：园路

工程量计算规则：按设计图示尺寸以面积计算，不包括路牙。

由广场三平面图图 2-8 得：

广场三的工程量为：

$$S=S_{广场}-S_{喷泉}$$

$$S_{广场}=\left[22.08\times4+\frac{(5+12.08)}{2}\times3.4\times2+5\times3.2\times2\right]m^2$$

$$=(88.32+58.072+32)m^2$$

$$=178.392m^2$$

由喷泉底平面图图 2-37 得：

$$S_{喷泉}=3.14\times1.6^2m^2=8.0384m^2$$

【注释】 3.14——圆周率；

1.6m——喷泉的半径。

$$S=(178.392-8.0384)m^2=170.35m^2$$

5. 广场四

项目编码：050201001006　　项目名称：园路

工程量计算规则：按设计图示尺寸以面积计算，不包括路牙。

由广场四平面图图 2-9 得：

广场四的工程量为：

$$S=S_1+S_2+S_3+S_4$$

$$S_1=\frac{(2.698+9.727)}{2}\times5.892m^2=31.06m^2$$

【注释】 2.698m——S_1 的短边长；

9.727m——S_1 的长边长；

5.892m——S_1 的高。

$$S_2=\frac{(2.696+7.531)}{2}\times4.062m^2=20.77m^2$$

【注释】 2.696m——S_2 的短边长；

7.531m——S_2 的长边长；

4.062m——S_2 的高。

$$S_3=\frac{7.586}{2}\times9.063m^2=34.38m^2$$

【注释】 7.586m——S_3 的底边长；

9.063m——S_3 的高。

$$S_4=\left[\frac{5.803}{2}\times6.936-(4.3\times1+3.2\times1)\right]m^2$$

$$=(20.124804-7.6)m^2$$

$$=12.52m^2$$

【注释】 5.803m——S_4 的底边长；

6.936m——S_4 的高；

4.3、3.2m——花坛的边长；

1m——花坛的宽。

$$S = S_1 + S_2 + S_3 + S_4 = (31.06 + 20.77 + 34.38 + 12.52)m^2 = 98.73m^2$$

6. 路牙铺设

项目编码：050201003001   项目名称：路牙铺设

工程量计算规则：按设计图示尺寸以长度计算。

由石板园路剖面图图 2-5、石板园路平面图图 2-4 得：

石板路为园路一、园路二、园路三，故工程量为：

$$L_D = L_1 + L_2 + L_3$$

$$= [(32.473 + 35.449) + (20.687 + 25.449) + (3.222 + 8.837 + 10.645 + 6.965$$

$$+ 4.837 + 2.902)]m$$

$$= (67.922 + 46.136 + 37.408)m$$

$$= 151.47m$$

【注释】　32.473m——园路一的短边长；

35.449m——园路一的长边长；

20.687m——园路二的短边长；

25.449m——园路二的长边长；

3.222——园路三外侧上边长；

8.837——园路三外侧左边长；

10.645——园路三外侧下边长；

6.965——园路三内侧下边长；

4.837——园路三内侧左边长；

2.902——园路三内侧上边长。

3.3　园林景观工程部分

1. 花廊

1) 挖基础

挖柱基础：

项目编码：010101003001   项目名称：挖基础土方

工程量计算规则：按设计图示尺寸以基础垫层面积乘以挖土深度计算。

由花廊柱基础平面图图 2-17、花廊侧立面图图 2-15、花廊柱基础剖面图图 2-16得：

挖基础土方的工程量为：

$$V = 0.85 \times 0.85 \times (0.3 + 0.1 + 0.05 + 0.03) \times 16m^3$$

$$=0.85 \times 0.85 \times 0.48 \times 16 \mathrm{m}^3$$
$$=5.55 \mathrm{m}^3$$

【注释】　　0.85m——柱基础垫层的边长;

0.3m——柱子埋于地下的深度;

0.1m——基础放大部分的厚度;

0.05m——碎石的厚度;

0.03m——3:7灰土的厚度;

16——花廊柱的根数。

2) 30mm 厚 3:7 灰土垫层

项目编码:010404001001　　项目名称:垫层

工程量计算规则:按设计图示尺寸以体积计算。

由花廊柱基础平面图图 2-17、花廊柱基础剖面图图 2-16 得:

30mm 厚 3:7 灰土垫层的工程量为:

$V=0.85 \times 0.85 \times 0.03 \times 16 \mathrm{m}^3=0.35 \mathrm{m}^3$

【注释】　　0.85m——柱基础垫层的边长;

0.03m——3:7灰土的厚度;

16——花廊柱的根数。

3) 50mm 厚混凝土

项目编码:010501001001　　项目名称:垫层

工程量计算规则:按设计图示尺寸以体积计算。

由花廊柱基础剖面图图 2-16 得:

50mm 厚混凝土的工程量为:

$V=0.85 \times 0.85 \times 0.05 \times 16 \mathrm{m}^3=0.58 \mathrm{m}^3$

【注释】　　0.85m——柱基础垫层的边长;

0.05m——混凝土的厚度;

16——花廊柱的根数。

4) 钢筋混凝土

项目编码:010501003001　　项目名称:独立基础

工程量计算规则:按设计图示尺寸以体积计算。

由花廊柱基础平面图图 2-17、花廊柱基础剖面图图 2-16 得:

独立基础的工程量为:

$$V=(0.85-0.05) \times (0.85-0.05) \times 0.1 \times 16 \mathrm{m}^3$$
$$=0.8 \times 0.8 \times 0.1 \times 16 \mathrm{m}^3$$
$$=1.02 \mathrm{m}^3$$

【注释】　　0.85m——柱基础垫层的边长;

0.05m——独立基础短于基础垫层的宽度;

0.1m——独立基础的厚度;

16——花廊柱的根数。

5）人工回填土

项目编码：010103001001　　　项目名称：土（石）方回填

工程计算规则：按设计图示尺寸以体积计算。

由花廊柱基础平面图图 2-17、花廊柱基础剖面图图 2-16 得：

人工回填土的工程量为：

$$V = V_{柱基础挖土土方} - V_{3:7灰土} - V_{混凝土} - V_{独立基础} - V_{柱}$$
$$= (5.55 - 0.35 - 0.58 - 1.02 - 3.14 \times 0.225^2 \times 16) \text{m}^3$$
$$= (5.55 - 0.35 - 0.58 - 1.02 - 2.5434) \text{m}^3$$
$$= 1.06 \text{m}^3$$

【注释】　5.55m³——柱基础挖土方的工程量；

0.35m³——柱基础 3：7 灰土的工程量；

0.58m³——柱基础碎石的工程量；

1.02m³——柱独立基础的工程量；

3.14——圆周率；

0.225m³——柱的半径长；

16——花廊柱的根数。

6）花廊柱

项目编码：050304001001　　　项目名称：现浇混凝土花架柱、梁

工程计算规则：按设计图示尺寸以体积计算。

由花廊侧立面图图 2-15、花廊柱基础剖面图图 2-16 得：

花廊柱的工程量为：

$$V = (V_{花廊柱身} + V_{花廊柱顶}) \times N_{花廊柱}$$
$$= \left[3.14 \times \left(\frac{0.45}{2} \right)^2 \times (2.85 + 0.15 + 0.3) + 3.14 \times \left(\frac{0.5}{2} \right)^2 \times 0.08 \right] \times 16 \text{m}^3$$
$$= \left[3.14 \times \left(\frac{0.45}{2} \right)^2 \times 3.3 + 3.14 \times \left(\frac{0.5}{2} \right)^2 \times 0.08 \right] \times 16 \text{m}^3$$
$$= (0.525 + 0.0157) \times 16 \text{m}^3$$
$$= 0.54 \times 16 \text{m}^3$$
$$= 8.64 \text{m}^3$$

【注释】　3.14——圆周率；

0.45m——花廊柱的直径；

2.85m——花廊柱身的高度；

0.15m——花廊底部平台的高度；

0.3m——花廊柱埋入地面以下的厚度；

0.5m——花廊柱顶的直径；

0.08m——花廊柱顶的厚度；

16——花廊柱的根数。

7）花廊梁

项目编码：050304001002　　　项目名称：**现浇混凝土花架柱、梁**

工程计算规则：按设计图示尺寸以体积计算。

由花廊顶平面图图 2-13、花廊侧立面图图 2-15 得：

花廊梁的工程量为：

$$V = S_{梁截面} \times H_{梁长} = 0.25 \times 0.3 \times (29.199 + 32.474) \text{m}^3 = 0.25 \times 0.3 \times 61.673 \text{m}^3 = 4.63 \text{m}^3$$

【注释】　0.25m——花廊梁的截面宽度；

　　　　　0.3m——花廊梁截面的高度；

　　　　　29.199m——内侧花廊梁的长度；

　　　　　32.474m——外侧花廊梁的长度。

8）花廊檩

项目编码：050304001003　　　项目名称：**现浇混凝土花架柱、梁**

工程计算规则：按设计图示尺寸以体积计算。

由花廊顶平面图图 2-13、花廊侧立面图图 2-15 得：

花廊檩的工程量为：

$$V = S_{花廊檩截面} \times L_{花廊檩的长度} \times N_{花廊檩} = 0.25 \times 0.2 \times 4 \times 33 \text{m}^3 = 0.05 \times 4 \times 33 \text{m}^3$$
$$= 6.6 \text{m}^3$$

【注释】　0.25m——花廊檩的截面高；

　　　　　0.2m——花廊檩的截面宽；

　　　　　4m——花廊檩的长；

　　　　　33——花廊檩的根数。

9）花廊平台

项目编码：011102003001　　　项目名称：**块料楼地面**

工程量计算规则：按设计图示尺寸以面积计算。由花廊底平面图图 2-14、花廊侧立面图图 2-15 得：

$$S = S_{花廊平台} - S_{花廊柱}$$

$$= \left[\left(\frac{26.667 + 30.736}{2} \right)^2 \times 3.991 - 3.14 \times \left(\frac{0.45}{2} \right)^2 \times 16 \right] \text{m}^2$$

$$= (114.548 - 2.543) \text{m}^2$$

$$= 112.00 \text{m}^2$$

【注释】　26.667m——花廊平台的内弧长；

　　　　　30.736m——花廊平台的外弧长；

　　　　　3.991m——花廊的平台宽；

　　　　　3.14——圆周率；

　　　　　0.45m——花廊柱的直径；

16——花廊柱的根数。

2. 花坛

1）花坛一

项目编码：010702005001　　　项目名称：其他木构件

工程量计算规则：按设计图示尺寸以体积计算或以长度计算。

由花坛一平面图图 2-18、花坛一立面图图 2-21 得：

花坛的工程量为：

$$V=(V_{花坛一侧壁}+V_{花坛一底部})×N_{花坛一的个数}$$

$$V_{花坛一侧壁}=(1.2×0.1×0.1×7×2+1×0.1×0.1×7×2)m^3$$

$$=(0.168+0.14)m^3$$

$$=0.308m^3$$

【注释】　1.2m——优质防腐木的长；

0.1m——优质防腐木的宽、厚；

7——1.2m 长的优质防腐木的根数；

2——有两个花坛壁面；

1m——优质防腐木的长度。

$$V_{花坛一底部}=1×0.1×0.1×10m^3=0.1m^3$$

【注释】　1m——底部优质防腐木的长度；

0.1m——优质防腐木的宽、厚；

10——底部优质防腐木的根数。

$$V=(0.308+0.1)×8m^3=3.26m^3$$

【注释】　8——花坛一的个数。

2）花坛二

项目编码：050307018001　　　项目名称：砖石砌小摆设

工程量计算规则：按设计图示尺寸以体积计算或以数量计算。

由总平面尺寸详图图 2-57 得：1 个

3）花坛三

项目编码：050307018002　　　项目名称：砖石砌小摆设

工程量计算规则：按设计图示尺寸以体积计算或以数量计算。

由总平面尺寸图图 2-57 得：1 个

3. 景墙

项目编码：010401003001　　　项目名称：实心砖墙

工程量计算规则：按设计图示尺寸以体积计算。

本题中景墙有窗洞，且面积大于 0.3m²，应扣除窗洞面积。

由景墙基础平面图图 2-24、景墙立面图图 2-25、景墙剖面图图 2-26 得：

景墙的工程量为：

$$V=(V_{墙体总体积}-V_{窗洞体积})×N$$

$$V_{总墙体} = S_{墙体} \times L_{景墙}$$
$$= (0.24 \times 2 \times 2 + 0.44 \times 0.305 \times 2.8) m^3$$
$$= (0.96 + 0.378) m^3$$
$$= 1.34 m^3$$

【注释】　0.24m——景墙的厚度；

2m——景墙的高度；

2m——景墙的长度；

0.44m——景墙底座的厚度；

0.305m——景墙底座的高度；

2.8m——景墙底座的长度。

$$V_{窗洞} = (V_{洞1} + V_{洞2} + V_{洞3} + V_{洞4})$$
$$= (3.14 \times 0.375^2 + 3.14 \times 0.314^2 + 3.14 \times 0.177^2 + 3.14 \times 0.096^2)$$
$$\times 0.24 m^3$$
$$= (0.44 + 0.31 + 0.098 + 0.029) \times 0.24 m^3$$
$$= 0.878 \times 0.24 m^3$$
$$= 0.211 m^3$$

【注释】　3.14——圆周率；

0.375m——窗洞 1 的半径；

0.314m——窗洞 2 的半径；

0.177m——窗洞 3 的半径；

0.096m——窗洞 4 的半径；

0.24m——窗洞的厚度。

$$V = (1.33576 - 0.210832) \times 3 m^3 = 3.37 m^3$$

【注释】　3——景墙的个数。

4. 景观柱

1）柱工程

① 挖土方

项目编码：010101003002　　　项目名称：挖基础土方

工程量计算规则：按设计图示尺寸以基础垫层面积乘以挖土深度计算。

由景观柱基础平面图图 2-27、景观柱剖面图图 2-28 得：

柱基础挖土方的工程量为：

$$V = 1.25 \times 1.25 \times (0.55 + 0.3 + 0.15) \times 5 m^3 = 7.81 m^3$$

【注释】　1.25m——景观柱基础的边长；

0.55m——景观柱埋入地面以下的深度；

0.3m——独立基础的深度；

0.15m——3：7 灰土垫层的厚度；

5——景观柱的个数。

② 3：7 灰土垫层

项目编码：010404001002　　　项目名称：垫层

工程量计算规则：按设计图示尺寸以体积计算。

由景观柱基础平面图图 2-27、景观柱剖面图图 2-28 得：

3：7 灰土垫层的工程量为：

$$V = 1.25 \times 1.25 \times 0.15 \times 5 \text{m}^3 = 1.71 \text{m}^3$$

【注释】　　1.25m——3：7 灰土垫层的边长；

　　　　　　0.15m——3：7 灰土垫层的厚度；

　　　　　　　5——景观柱的个数。

③ 钢筋混凝土基础

项目编码：010501003002　　　项目名称：独立基础

工程量计算规则：按设计图示尺寸以体积计算。

由景观柱基础平面图图 2-27、景观柱剖面图图 2-28 得：

独立基础的工程量为：

$$V = 1.05 \times 1.05 \times 0.3 \times 5 \text{m}^3 = 1.65 \text{m}^3$$

【注释】　　1.05m——独立基础的边长；

　　　　　　0.3m——独立基础的厚度；

　　　　　　　5——景观柱的个数。

④ 回填土

项目编码：010103001002　　　项目名称：土（石）方回填

工程量计算规则：按设计图示尺寸以体积计算。

由景观柱基础平面图图 2-27、景观柱剖面图图 2-28 得：

回填土的工程量为：

$$V = V_{挖土} - V_{3：7灰土} - V_{独立基础} - V_{柱'}$$
$$= (7.81 - 1.71 - 1.65 - 3.14 \times 0.225^2 \times 0.55 \times 5) \text{m}^3$$
$$= (7.81 - 1.71 - 1.65 - 0.437147) \text{m}^3$$
$$= 4.01 \text{m}^3$$

【注释】　　7.81m³——景观柱挖土方量；

　　　　　　1.71m³——3：7 灰土的工程量；

　　　　　　1.65m³——独立基础的工程量；

　　　　　　3.14——圆周率；

　　　　　0.225m——景观柱的半径；

　　　　　0.55m——景观柱埋入地面以下的深度；

　　　　　　　5——景观柱的个数。

⑤ 混凝土柱

项目名称：010502003001　　　项目名称：异形柱

工程量计算规则：按设计图示尺寸以体积计算。不扣除构件内钢筋、预埋铁件所占的体积。

由景观柱基础平面图图 2-27、景观柱剖面图图 2-28 得：

混凝土柱的工程量为：

$$V=3.14\times0.225^2\times(0.55+3.5)\times5m^3=3.22m^3$$

【注释】 3.14——圆周率；

0.225m——景观柱的半径；

0.55m——景观柱埋入地面以下的深度；

3.5m——景观柱地面以上的高度；

5——景观柱的个数。

2）钢筋工程

【注释】 $\phi6$ 和 $\phi4$ 为圆钢，其中 $\phi6$ 为箍筋；保护层的厚度为 30mm；$\phi12$ 为螺纹钢，90°弯起长度为 80mm；单位质量 $V_{\phi4}=0.099kg/m$，$V_{\phi6}=0.222kg/m$，$V_{\phi12}=0.888kg/m$。

① 景观柱 $\phi12$ 螺纹钢

项目编码：010515001001   项目名称：现浇混凝土钢筋

工程量计算规则：按设计图示钢筋（网）长度（面积）乘以单位理论质量计算。

由景观柱基础平面图图 2-27、景观柱剖面图图 2-28 得：

$$W_{\phi12}=L_{\phi12}\times V_{\phi12}\times N_{\phi12}\times N$$

$$L_{\phi12}=柱净高-保护层的厚度+弯起的长度$$

$$=[(3.5+0.55+0.3)-0.03\times2+0.08]m$$

$$=4.37m$$

【注释】 3.5m——景观柱地面以上的高度；

0.55m——景观柱埋入地面以下的深度；

0.3m——独立基础的厚度；

0.03m——每边保护层的厚度；

2——柱的两边有保护层；

0.08m——$\phi12$ 钢筋弯起的长度。

$N_{\phi12}=3$ 根

$N=5$ 根

【注释】 5——景观柱的个数。

$$W_{\phi12}=4.37\times0.888\times3\times5kg=58.2084kg=0.058t$$

【注释】 0.888kg/m——钢筋 $\phi12$ 的单位理论质量。

②景观柱 $\phi6$ 箍筋

项目编码：010515001002   项目名称：现浇混凝土钢筋

工程量计算规则：按设计图示钢筋（网）长度（面积）乘以单位理论质量计算。

由景观柱基础平面图图 2-27、景观柱剖面图图 2-28 得：

排列根数 $N=\dfrac{L-100mm}{设计间距}+1$，其中 $L=$ 柱、梁、板净长。

$$N_{\phi6}=\left[\dfrac{(3.5+0.55+0.3)-0.1}{0.3}+1\right]根=16根$$

【注释】　3.5m——景观柱地面以上的高度；

0.55m——景观柱埋入地面以下的深度；

0.3m——独立基础的厚度、设计间距。

箍筋末端作135°弯钩，弯钩平直部分的程度为 e，为箍筋直径的 5 倍。

故箍筋的长度 $L_{\phi6}=[(a-2c+2d)\times2+(b-2c+2d)\times2+14d]\times N_{\phi6}\times N$

其中 a、b 为柱截面长、宽，d 为钢筋直径，c 为保护层厚度。

$L_{\phi6}=[(0.45-2\times0.03+2\times0.006)\times2+(0.45-2\times0.03+2\times0.006)\times2+14\times$

$\quad\quad 0.006]\times16\times5m$

$\quad\quad=(0.804+0.804+0.084)\times16\times5m$

$\quad\quad=1.692\times16\times5m$

$\quad\quad=135.36m$

【注释】　0.45m——柱的边长；

0.03m——保护层的厚度；

0.006m——钢筋的直径；

16——每根景观柱中钢筋 $\phi6$ 的根数；

5——景观柱的个数。

$$W_{\phi6}=L_{\phi6}\times V_{\phi6}=135.36\times0.222kg=30.04992kg=0.030t$$

【注释】　0.222kg/m——钢筋 $\phi6$ 的单位理论质量。

③景观柱 $\phi4$ 圆筋

项目编码：010515001003　　　项目名称：现浇混凝土钢筋

工程量计算规则：按设计图示钢筋（网）长度（面积）乘以单位理论质量计算。

由景观柱基础平面图图 2-27、景观柱剖面图图 2-28 得：

$$W_{\phi4}=L_{\phi4}\times V_{\phi4}\times N_{\phi4}\times N$$

$$L_{\phi4}=(L-2c+6.25d)$$

其中，L 为基础的边长，c 为保护层的厚度，d 为钢筋直径。

故 $L_{\phi4}=(1.05-2\times0.03+6.25\times0.004)m=1.015m$

【注释】　1.05m——独立基础的边长；

0.03m——每边保护层的厚度；

0.04m——钢筋 $\phi4$ 的直径。

$$W_{\phi4}=1.015\times0.099\times6\times2\times5kg=6.0291kg=0.006t$$

【注释】　0.099kg/m——钢筋 $\phi4$ 的单位理论质量；

6——每个方向上钢筋的根数；

2——双向钢筋；

5——景观柱的个数。

5. 圆锥亭

1）圆锥亭柱基础

①挖土方

项目编码：010101003003　　项目名称：挖基础土方

工程量计算规则：按设计图示尺寸以基础垫层面积乘以挖土深度计算。

由圆锥亭基础平面图图 2-31、圆锥亭基础剖面图图 2-32 得：

挖土方的工程量为：

$V=1.4\times1.4\times(0.5+0.2+0.1)\times3m^3=1.4\times1.4\times0.8\times3m^3=1.568\times3m^3$
$=4.70m^3$

> 【注释】　1.4m——圆锥亭柱基础的边长；
>
> 　　　　0.5m——圆锥亭柱埋入地面以下的深度；
>
> 　　　　0.2m——圆锥亭柱独立基础的厚度；
>
> 　　　　0.1m——圆锥亭柱基础碎石垫层的厚度；
>
> 　　　　3——圆锥亭的个数。

②砂石垫层

项目编码：010404001003　　项目名称：垫层

工程量计算规则：按设计图示尺寸以体积计算。

由圆锥亭基础平面图图 2-31、圆锥亭基础剖面图图 2-32 得：

砂石垫层的工程量为：

$$V=1.4\times1.4\times0.1\times3m^3=0.196\times3m^3=0.59m^3$$

> 【注释】　1.4m——圆锥亭柱基础砂石垫层的边长；
>
> 　　　　0.1m——圆锥亭柱基础砂石垫层的厚度；
>
> 　　　　3——圆锥亭的个数。

③钢筋混凝土基础

项目编码：010501003003　　项目名称：独立基础

工程量计算规则：按设计图示尺寸以体积计算。

由圆锥亭基础平面图图 2-31、圆锥亭基础剖面图图 2-32 得：

钢筋混凝土基础的工程量为：

$V=1.4\times1.4\times0.2\times3m^3=0.392\times3m^3=1.18m^3$

> 【注释】　1.4m——圆锥亭柱基础碎石垫层的边长；
>
> 　　　　0.2m——圆锥亭柱钢筋混凝土基础的厚度；
>
> 　　　　3——圆锥亭的个数。

④回填土

项目编码：010103001003　　项目名称：土（石）方回填

工程量计算规则：按设计图示尺寸以体积计算。

由圆锥亭基础平面图图 2-31、圆锥亭基础剖面图图 2-32 得：

圆锥亭基础回填土的工程量为：

$$V = V_{挖土} - V_{碎石} - V_{独立基础} - V_{柱'}$$

$$= \left[4.7 - 0.59 - 1.18 - 3.14 \times \left(\frac{0.4}{2} \right)^2 \times 0.5 \times 3 \right] m^3$$

$$= (4.7 - 0.59 - 1.18 - 0.1884) m^3$$

$$= 2.74 m^3$$

【注释】　4.7m³——圆锥亭柱基础挖土方的工程量；

　　　　　0.59m³——圆锥亭柱基础碎石垫层的工程量；

　　　　　1.18m³——圆锥亭柱独立基础的工程量；

　　　　　3.14——圆周率；

　　　　　0.4m——圆锥亭柱的直径；

　　　　　0.5m——圆锥亭柱埋入地面以下的深度；

　　　　　3——圆锥亭的个数。

2）圆锥亭坐凳腿基础

① 挖土方

项目编码：010101003004　　　项目名称：挖基础土方

工程量计算规则：按设计图示尺寸以基础垫层面积乘以挖土深度计算。

由圆锥亭基础平面图图 2-31、圆锥亭基础剖面图图 2-32 得：

挖土方的工程量为：

$$V = 0.16 \times 0.16 \times (0.2 + 0.1) \times 4 \times 3 m^3$$

$$= 0.16 \times 0.16 \times 0.3 \times 4 \times 3 m^3$$

$$= 0.03072 \times 3 m^3$$

$$= 0.09 m^3$$

【注释】　0.16m——圆锥亭坐凳腿基础的边长；

　　　　　0.2m——圆锥亭坐凳腿埋入地面以下的深度；

　　　　　0.1m——圆锥亭坐凳腿基础碎石垫层的厚度；

　　　　　4——每个圆锥亭的坐凳腿个数；

　　　　　3——圆锥亭的个数。

② 砂石垫层

项目编码：010404001004　　　项目名称：垫层

工程量计算规则：按设计图示尺寸以体积计算。

由圆锥亭基础平面图图 2-31、圆锥亭基础剖面图图 2-32 得：

碎石垫层的工程量为：

$$V = 0.16 \times 0.16 \times 0.1 \times 4 \times 3 m^3 = 0.01024 \times 3 m^3 = 0.03 m^3$$

【注释】　0.16m——圆锥亭坐凳腿基础的边长；

　　　　　0.1m——圆锥亭坐凳腿基础碎石垫层的厚度；

　　　　　4——每个圆锥亭的坐凳腿个数；

3——圆锥亭的个数。

③ 回填土

项目编码：010103001004　　项目名称：土（石）方回填

工程量计算规则：按设计图示尺寸以体积计算。

由圆锥亭基础平面图图 2-31、圆锥亭基础剖面图图 2-32 得：

圆锥亭基础回填土的工程量为：

$$V = V_{挖土} - V_{碎石} - V_{坐凳腿柱}$$

$$= \left[0.09 - 0.03 - 3.14 \times \left(\frac{0.06}{2} \right)^2 \times 0.2 \times 4 \times 3 \right] m^3$$

$$= (0.09 - 0.03 - 0.006782) m^3$$

$$= 0.05 m^3$$

【注释】　0.09m³——圆锥亭坐凳腿基础挖土方的工程量；

0.03m³——圆锥亭坐凳腿基础碎石垫层的工程量；

3.14——圆周率；

0.06m——圆锥亭坐凳腿的直径；

0.2m——圆锥亭坐凳腿埋入地面以下的深度；

4——每个圆锥亭的坐凳腿个数；

3——圆锥亭的个数。

3）圆锥亭

① 圆锥亭柱

项目编码：010502003002　　项目名称：异形柱

工程量计算规则：按设计图示尺寸以体积计算。不扣除构件内钢筋、预埋铁件所占体积。

由圆锥亭立面图图 2-33、圆锥亭基础剖面图图 2-32 得：

圆锥亭柱的工程量为：

$$V = V_{柱1} + V_{柱2} + V_{柱3} + V_{柱4}$$

$$V_{柱1} = 3.14 \times \left(\frac{0.4}{2} \right)^2 \times (0.35 + 0.4 + 0.5) \times 3 m^3$$

$$= 3.14 \times \left(\frac{0.4}{2} \right)^2 \times 1.25 \times 3 m^3$$

$$= 0.157 \times 3 m^3$$

$$= 0.471 m^3$$

【注释】　3.14——圆周率；

0.4m——圆锥亭柱的底部直径；

(0.35+0.4)m——圆锥亭柱地面以上的高度；

0.5m——圆锥亭柱地面以下的深度；

3——圆锥亭的个数。

$$V_{柱2} = 3.14 \times \left(\frac{0.3}{2}\right)^2 \times 1.75 \times 3m^3 = 0.123638 \times 3m^3 = 0.370913m^3$$

【注释】 3.14——圆周率；

0.3m——圆锥亭柱的中部直径；

1.75m——圆锥亭中部柱的高度；

3——圆锥亭的个数。

$$V_{柱3} = \frac{3.14 \times 0.3}{3} \times \left[\left(\frac{0.5}{2}\right)^2 + \left(\frac{0.35}{2}\right)^2 + \frac{0.5}{2} \times \frac{0.35}{2}\right] \times 3m^3$$

$$= \frac{3.14 \times 0.3}{3} \times 0.2725 \times 3m^3$$

$$= 0.256695m^3$$

【注释】 圆台的体积计算公式 $V = \frac{3.14 \times H}{3} \times (R^2 + r^2 + Rr)$，其中 H 代表圆台的高，R 代表大圆底边半径，r 代表小圆底边半径。

0.3m——圆台 1 的高；

0.5m——圆台 1 大圆的直径；

0.35m——圆台 1 小圆的直径；

3——圆锥亭的个数。

$$V_{柱4} = \frac{3.14 \times 0.08}{3} \times \left[\left(\frac{2.4}{2}\right)^2 + \left(\frac{0.5}{2}\right)^2 + \frac{2.4}{2} \times \frac{0.5}{2}\right] \times 3m^3$$

$$= \frac{3.14 \times 0.08}{3} \times 1.8025 \times 3m^3$$

$$= 0.452788m^3$$

【注释】 圆台的体积计算公式 $V = \frac{3.14 \times H}{3} \times (R^2 + r^2 + Rr)$，其中 H 代表圆台的高，R 代表大圆底边半径，r 代表小圆底边半径。

0.08m——圆台 2 的高；

2.4m——圆台 2 大圆的直径；

0.5m——圆台 2 小圆的直径；

3——圆锥亭的个数。

$$V = (0.471 + 0.371 + 0.257 + 0.453)m^3 = 1.55m^3$$

② 圆锥亭顶

项目编码：010507007001 项目名称：其他构件

工程量计算规则：按设计图示尺寸以体积计算。不扣除构件内钢筋、预埋铁件所占体积。

由圆锥亭立面图图 2-33 得：

圆锥亭顶的工程量为：

$$V = \frac{1}{3} \times 3.14 \times \left(\frac{4}{2}\right)^2 \times 0.5 \times 3m^3 = 2.09333 \times 3m^3 = 6.28m^3$$

【注释】　圆锥的体积计算公式 $V=\dfrac{1}{3}\times3.14r^2h$，其中 r 为圆锥的半径，h 为圆锥体的高度。

　　　　　3.14——圆周率；

　　　　　4m——圆锥亭顶的底面圆直径；

　　　　0.5m——圆锥亭的高；

　　　　　3——圆锥亭的个数。

③ 圆锥亭坐凳腿

项目编码：010502003003　　项目名称：异形柱

工程量计算规则：按设计图示尺寸以体积计算。不扣除构件内钢筋、预埋铁件所占体积。

由圆锥亭立面图图 2-33、圆锥亭基础剖面图图 2-32 得：

圆锥亭坐凳腿的工程量为：

$$V=3.14\times\left(\frac{0.06}{2}\right)^2\times(0.35+0.2)\times3m^3=0.00466\times3m^3=0.0140m^3$$

【注释】　3.14——圆周率；

　　　　0.06m——圆锥亭坐凳腿的直径；

　　　　0.35m——圆锥亭坐凳腿地面以上的高度；

　　　　0.2m——圆锥亭坐凳腿埋入地面以下的深度；

　　　　　3——圆锥亭的个数。

④ 圆锥亭坐凳面

项目编码：010507007002　　项目名称：其他构件

工程量计算规则：按设计图示尺寸以体积计算。不扣除构件内钢筋、预埋铁件所占体积。

由圆锥亭底平面图图 2-30、圆锥亭立面图图 2-33 得：

圆锥亭的工程量为：

$$V=V_1-V_2$$
$$=\left[3.14\times\left(\frac{0.75}{2}\right)^2\times0.05\times3-3.14\times\left(\frac{0.2}{2}\right)^2\times0.05\times3\right]m^3$$
$$=(0.066234-0.00471)m^3$$
$$=0.06m^3$$

【注释】　3.14——圆周率；

　　　0.75m——圆锥亭坐凳的外圆半径；

　　　0.05m——圆锥亭坐凳的厚度；

　　　　3——圆锥亭的个数；

　　　0.2m——圆锥亭底部柱的圆半径。

4）钢筋

【注释】　$\phi6$ 和 $\phi4$，其中 $\phi6$ 为箍筋；保护层的厚度为 30mm；$\phi12$ 为螺纹钢，

90°弯起长度为 80mm；单位质量 $V_{\phi4}=0.099\text{kg/m}$，$V_{\phi6}=0.222\text{kg/m}$，$V_{\phi12}=0.888\text{kg/m}$。

① 圆锥亭柱 $\phi12$ 螺纹钢

项目编码：010515001004　　　项目名称：现浇混凝土钢筋

工程量计算规则：按设计图示钢筋（网）长度（面积）乘以单位理论质量计算。

由圆锥亭的钢筋示意图图 2-34、圆锥亭立面图图 2-33、圆锥亭基础剖面图图 2-32得：

$$W_{\phi12}=L_{\phi12}\times V_{\phi12}\times N_{\phi12}\times N$$

$$
\begin{aligned}
L_{\phi12}&=圆锥亭柱净高-保护层的厚度+弯起的长度\\
&=[(0.08+0.3+2.5+0.5+0.2)-0.03\times2+0.08]\text{m}\\
&=(3.58-0.06+0.08)\text{m}\\
&=3.6\text{m}
\end{aligned}
$$

【注释】　0.08m——圆台 2 的高度；

　　　　　0.3m——圆台 1 的高度；

　　　　　2.5m——圆锥亭柱到地面的高度；

　　　　　0.5m——圆锥亭柱埋入地面以下的深度；

　　　　　0.2m——独立基础的厚度。

$$W_{\phi12}=3.6\times0.888\times3\times3\text{kg}=9.5904\times3\text{kg}=28.77\text{kg}=0.029\text{t}$$

【注释】　0.888kg/m——$\phi12$ 钢筋的单位理论质量；

　　　　　3——每个圆锥亭柱上 $\phi12$ 钢筋的根数；

　　　　　3——圆锥亭的个数。

② 圆锥亭柱 $\phi6$ 箍筋

项目编码：010515001005　　　项目名称：现浇混凝土钢筋

工程量计算规则：按设计图示钢筋（网）长度（面积）乘以单位理论质量计算。

由圆锥亭的钢筋示意图图 2-34、圆锥亭立面图图 2-33、圆锥亭基础剖面图图 2-32得：

排列根数 $N=\dfrac{L-100\text{mm}}{设计间距}+1$，其中 $L=$柱、梁、板净长。

$$N_{\phi6}=\left[\frac{(0.08+0.3+2.5+0.5+0.2)-0.1}{0.3}+1\right]根=13根$$

【注释】　0.08m——圆台 2 的高度；

　　　　　0.3m——圆台 1 的高度；

　　　　　2.5m——圆锥亭柱到地面的高度；

　　　　　0.5m——圆锥亭柱埋入地面以下的深度；

　　　　　0.2m——独立基础的厚度；

　　　　　0.3m——独立基础的厚度、设计间距。

箍筋末端作 135°弯钩，弯钩平直部分的长度为 e，为箍筋直径的 5 倍。

故箍筋的长度 $L_{\phi 6}=[(a-2c+2d)\times 2+(b-2c+2d)\times 2+14d]\times N_{\phi 6}\times N$

其中，a、b 为柱截面长、宽，d 为钢筋直径，c 为保护层厚度。

$L_{\phi 6}=[(0.3-2\times 0.03+2\times 0.006)\times 2+(0.3-2\times 0.03+2\times 0.006)\times 2+14\times 0.006]\times 3$

$\quad\times 3\text{m}$

$=(0.504+0.504+0.084)\times 13\times 3\text{m}$

$=1.092\times 13\times 3\text{m}$

$=42.588\text{m}$

【注释】　0.3m——圆锥亭柱的直径；

　　　　　0.03m——保护层的厚度；

　　　　　0.006m——$\phi 6$ 钢筋的直径；

　　　　　　13——每个圆锥亭上 $\phi 6$ 箍筋的根数；

　　　　　　3——圆锥亭的个数。

$W_{\phi 6}=L_{\phi 6}\times V_{\phi 6}=42.588\times 0.222\text{kg}=9.45\text{kg}=0.009\text{t}$

【注释】　0.222kg/m——$\phi 6$ 钢筋的单位理论质量。

③ 圆锥亭柱基础 $\phi 4$ 圆筋

项目编码：010515001006　　　项目名称：现浇混凝土钢筋

工程量计算规则：按设计图示钢筋（网）长度（面积）乘以单位理论质量计算。

由圆锥亭的钢筋示意图图 2-34、圆锥亭立面图图 2-33、圆锥亭基础剖面图图 2-32得：

$$W_{\phi 4}=L_{\phi 4}\times V_{\phi 4}\times N_{\phi 4}\times N$$

$$L_{\phi 4}=(L-2c+6.25d)$$

其中，L 为基础的边长，c 为保护层的厚度，d 为钢筋直径。

故 $L_{\phi 4}=(1.4-2\times 0.03+6.25\times 0.004)\text{m}=(1.4-0.06+0.025)\text{m}=1.365\text{m}$

【注释】　1.4m——圆锥亭钢筋混凝土基础底面的边长；

　　　　　0.03m——保护层的厚度；

　　　　　0.004m——$\phi 4$ 钢筋的直径。

$\quad\quad\quad W_{\phi 4}=1.365\times 0.099\times 6\times 2\times 3\text{kg}=4.86\text{kg}=0.005\text{t}$

【注释】　0.099kg/m——$\phi 4$ 钢筋的单位理论质量；

　　　　　　6——单向上钢筋的根数；

　　　　　　2——双向排钢筋；

　　　　　　3——圆锥亭的个数。

6. 旱喷泉

1）循环水池

① 挖基础

项目编码：010101003005　　　项目名称：挖基础土方

工程量计算规则：按设计图示尺寸以基础垫层面积乘以挖土深度计算。

由喷泉底平面图图 2-37、喷泉剖面图图 2-38 得：

喷泉的循环水池挖基础工作量为：

$$V=\pi r^2 h=3.14\times\left(\frac{1.6}{2}\right)^2\times(0.2+0.2+1.3)\text{m}^3=3.14\times\left(\frac{1.6}{2}\right)^2\times1.7\text{m}^3=3.42\text{m}^3$$

【注释】 3.14——圆周率；

    1.6m——喷泉循环水池基础垫层的直径；

    0.2m——喷泉 3：7 灰土基础垫层的厚度；

    0.2m——喷泉循环水池底的厚度；

    1.3m——喷泉循环水池至零地面的高度。

② 200mm 厚 3：7 灰土垫层

项目编码：010404001005　　　项目名称：垫层

工程量计算规则：按设计图示尺寸以体积计算。

由喷泉底平面图图 2-37、喷泉剖面图图 2-38 得：

3：7 灰土垫层的工程量为：

$$V=\pi r^2 h=3.14\times\left(\frac{1.6}{2}\right)^2\times0.2\text{m}^3=0.40\text{m}^3$$

【注释】 3.14——圆周率；

    1.6m——喷泉 3：7 灰土垫层的直径；

    0.2m——喷泉循环水池底的厚度。

③ 循环水池池壁

项目编码：070101002001　　　项目名称：贮水（油）池

工程量计算规则：按设计图示尺寸以体积计算。

由喷泉底平面图图 2-37、喷泉剖面图图 2-38 得：

喷泉循环水池壁的工程量为：

$$\begin{aligned}V&=\pi R^2 h-\pi r^2 h\\&=[3.14\times0.7^2\times(1.3+0.2)-3.14\times0.5^2\times(1.3+0.2)]\text{m}^3\\&=(2.308-1.178)\text{m}^3=1.13\text{m}^3\end{aligned}$$

【注释】 3.14——圆周率；

    0.7m——喷泉循环池壁外圆的半径；

    0.5m——喷泉循环池底的内壁圆半径；

  (1.3+0.2)m——喷泉循环池壁的高度。

④ 循环水池池底

项目编码：070101001001　　　项目名称：贮水（油）池

工程量计算规则：按设计图示尺寸以体积计算。

由喷泉底平面图图 2-37、喷泉剖面图图 2-38 得：

喷泉循环水池底的工程量为：

$$V=\pi r^2 h=3.14\times\left(\frac{1.4}{2}\right)^2\times0.2\text{m}^3=0.31\text{m}^3$$

【注释】 3.14——圆周率；

1.4m——喷泉水池池底的直径；

0.2m——喷泉水池池底的厚度。

⑤ 防水水泥砂浆

项目编码：010903003001　　　项目名称：砂浆防水（潮）

工程量计算规则：按设计图示尺寸以面积计算。

由喷泉底平面图图 2-37、喷泉剖面图图 2-38 得：

喷泉循环水池的防水水泥砂浆的工程量为：

$$S = S_{壁} + S_{底} = 2\pi Rh + \pi R^2$$
$$= \left[3.14 \times 1 \times (1.3 + 0.2) + 3.14 \times \left(\frac{1}{2} \right)^2 \right] m^2$$
$$= (4.71 + 0.785) m^2$$
$$= 5.50 m^2$$

【注释】　3.14m³——圆周率；

1m——喷泉循环水池的内池壁直径；

(1.3+0.2)m——喷泉循环水池的内壁深度。

⑥ 人工回填土

项目编码：010103001005　　　项目名称：土（石）方回填

工程计算规则：按设计图示尺寸以体积计算。

由喷泉底平面图图 2-37、喷泉剖面图图 2-38 得：

喷泉循环水池的回填土工程量为：

$$V = V_{挖土} - V_{3:7灰土} - V_{水池}$$
$$= \left[3.42 - 0.4 - 3.14 \times \left(\frac{1.4}{2} \right)^2 \times (1.3 + 0.2) \right] m^3$$
$$= (3.42 - 0.4 - 2.3.79) m^3$$
$$= 0.71 m^3$$

【注释】　3.42m³——喷泉循环水池挖基础土方；

0.4m³——喷泉循环水池 3:7 灰土垫层的工程量；

3.14——圆周率；

1.4m——喷泉循环水池池底的直径；

1.3m——喷泉循环水池壁至零地面以下的内壁深度；

0.2m——喷泉循环水池池底的厚度。

2）喷泉槽

① 挖基础

项目编码：010101003006　　　项目名称：挖基础土方

工程量计算规则：按设计图示尺寸以基础垫层面积乘以挖土深度计算。

由喷泉底平面图图 2-37、喷泉剖面图图 2-38 得：

喷泉槽的挖基础工程量为：

$$V = \pi R^2 h - \pi r^2 h$$
$$= [3.14 \times (1.6 + 0.06)^2 \times (0.1 + 0.35) - 3.14 \times (1.1 - 0.06)^2 \times (0.1 + 0.35)] \text{m}^3$$
$$= (3.894 - 1.528) \text{m}^3 = 2.37 \text{m}^3$$

【注释】　　3.14——圆周率;

　　　　　　1.6m——喷泉槽外壁到其几何中心的距离;

　　　　　　0.06m——喷泉槽 3:7 灰土基础宽于池底的宽度;

　　　　　　1.1m——喷泉槽内壁到其几何中心的距离;

(0.35 + 0.1)m——喷泉槽的深度。

② 100mm 厚 3:7 灰土垫层

项目编码:010404001006　　　项目名称:垫层

工程量计算规则:按设计图示尺寸以体积计算。

由喷泉底平面图图 2-37、喷泉剖面图图 2-38 得:

喷泉槽 3:7 灰土垫层的工程量为:

$$V = \pi R^2 h - \pi r^2 h$$
$$= [3.14 \times (1.6 + 0.06)^2 \times 0.1 - 3.14 \times (1.1 - 0.06)^2 \times 0.1] \text{m}^3$$
$$= (0.865 - 0.340) \text{m}^3 = 0.53 \text{m}^3$$

【注释】　　3.14——圆周率;

　　　　　　1.6m——喷泉槽外壁(外)到其几何中心的距离;

　　　　　0.06m——喷泉槽 3:7 灰土基础宽于池底的宽度;

　　　　　　1.1m——喷泉槽内壁(内)到其几何中心的距离;

　　　　　　0.1m——喷泉槽 3:7 灰土垫层的厚度。

③ 喷泉槽池壁

项目编码:070101002002　　　　项目名称:贮水(油)池

工程量计算规则:按设计图示尺寸以体积计算。

由喷泉底平面图图 2-37、喷泉剖面图图 2-38 得:

喷泉槽壁的工程量为:

$$V = (\pi R1^2 - \pi r1^2)h + (\pi R2^2 - \pi r2^2)h$$
$$= [(3.14 \times 1.6^2 - 3.14 \times 1.5^2) \times (0.55 - 0.1) + (3.14 \times 1.2^2 - 3.14 \times 1.1^2) \times (0.55 - 0.1)] \text{m}^3$$
$$= (0.43803 + 0.32499) \text{m}^3$$
$$= 0.76 \text{m}^3$$

【注释】　　3.14——圆周率;

　　　　　　1.6m——喷泉槽外壁(外)到其几何中心的距离;

　　　　　　1.5m——喷泉槽外壁(内)到其几何中心的距离;

　　　　　　1.2m——喷泉槽内壁(外)到其几何中心的距离;

　　　　　　1.1m——喷泉槽内壁(内)到其几何中心的距离;

（0.55－0.1）m——喷泉槽壁的深度。

④ 旱喷泉槽底

项目编码：070101001002　　　项目名称：贮水（油）池

工程量计算规则：按设计图示尺寸以体积计算。

由喷泉底平面图图 2-37、喷泉剖面图图 2-38 得：

喷泉槽底的工程量为：

$$V = (\pi R^2 - \pi r^2)h = 3.14 \times (1.6^2 - 1.1^2) \times 0.1 \text{m}^3 = 3.14 \times 1.35 \times 0.1 \text{m}^3$$
$$= 0.42 \text{m}^3$$

【注释】　3.14——圆周率；

1.6m——喷泉槽外壁（外）到其几何中心的距离；

1.1m——喷泉槽内壁（内）到其几何中心的距离；

0.1m——喷泉槽底的厚度。

⑤ 防水水泥砂浆

项目编码：010903003002　　　项目名称：砂浆防水（潮）

工程量计算规则：按设计图示尺寸以面积计算。

由喷泉底平面图图 2-37、喷泉剖面图图 2-38 得：

喷泉槽的防水水泥砂浆的工程量为：

$$S = S_{壁1} + S_{壁2} + S_{底}$$
$$= 2\pi Rh + 2\pi rh + (\pi R^2 - \pi r^2)$$
$$= [2 \times 3.14 \times 1.5 \times 0.45 + 2 \times 3.14 \times 1.2 \times 0.45 + 3.14 \times (1.5^2 - 1.2^2)] \text{m}^2$$
$$= (4.239 + 3.3912 + 2.5434) \text{m}^2$$
$$= 10.17 \text{m}^2$$

【注释】　3.14——圆周率；

1.5m——喷泉槽外壁（内）到其几何中心的距离；

0.45m——喷泉槽的内壁深度；

1.2m——喷泉槽内壁（外）到其几何中心的距离。

⑥ 人工回填土

项目编码：010103001006　　　项目名称：土（石）方回填

工程量计算规则：按设计图示尺寸以体积计算。

由喷泉底平面图图 2-37、喷泉剖面图图 2-38 得：

旱喷泉循环水池的回填土工程量为：

$$V = V_{挖土} - V_{3:7灰土} - V_{喷泉槽}$$
$$= [2.37 - 0.53 - (3.14 \times 1.6^2 - 3.14 \times 1.1^2) \times 0.35] \text{m}^3$$
$$= (2.37 - 0.53 - 1.48365) \text{m}^3$$
$$= 0.36 \text{m}^3$$

【注释】　2.37m³——喷泉槽基础的挖土方量；

0.53m³——喷泉槽 3：7 灰土垫层的工程量；

　　3.14——圆周率；

　　1.6m——喷泉槽外壁（外）到其几何中心的距离；

　　1.1m——喷泉槽内壁（内）到其几何中心的距离；

　　0.35m——喷泉槽底至零地面的深度。

3）喷泉管道

① 主给水管道（DN50）

项目编码：050306001001　　项目名称：喷泉管道

工程量计算规则：按设计图示尺寸以长度计算。

由喷泉底平面图图2-37得：

主给水管道的工程量为：8.5m。

② 分水管

项目编码：050306001002　　项目名称：喷泉管道

工程量计算规则：按设计图示尺寸以长度计算。

由喷泉底平面图图2-37得：

喷泉分水管道的工程量为：

$$L=2\pi R=2\times 3.14\times 1.331m=8.36m$$

【注释】　3.14——圆周率；

　　1.331m——喷泉管道所围圆的半径。

③ 喷泉泄水管道（DN100）

项目编码：050306001003　　项目名称：喷泉管道

工程量计算规则：按设计图示尺寸以长度计算。

由喷泉底平面图图2-37得：

喷泉泄水管道的工程量为：6.8m。

④ 溢水管道（DN50）

项目编码：050306001004　　项目名称：喷泉管道

工程量计算规则：按设计图示尺寸以长度计算。

由喷泉剖平面图图2-38得：

溢水管道的工程量为：1.2m。

4）水下灯具

项目编码：050306003001　　项目名称：水下艺术装饰灯具

工程量计算规则：按设计图示数量计算。

由喷泉底平面图图2-37得：

水下灯具的工程量为：10套。

5）喷泉电缆

项目编码：050306002001　　项目名称：喷泉电缆

工程量计算规则：按设计图示尺寸以长度计算。

由喷泉底平面图图2-37得：

喷泉电缆的工程量为：10.5m。

6）电气控制柜

项目编码：050306004001　　项目名称：电气控制柜

工程量计算规则：按设计图示数量计算。

已知：电气控制柜一台，总刀开关一个，分支开关两个。

7）园路

项目编码：050201001007　　项目名称：园路

工程量计算规则：按设计图示尺寸以面积计算，不包括路牙。

由喷泉剖面图图 2-38、喷泉底平面图图 2-37 得：

园路的工程量为：

$$S = \pi R^2 - \pi r^2$$
$$= (3.14 \times 1.165^2 - 3.14 \times 0.52^2) \text{m}^2$$
$$= (4.262 - 0.849) \text{m}^2$$
$$= 3.41 \text{m}^2$$

【注释】　　3.14——圆周率；

　　1.165m——喷泉槽的铸铁格栅盖板的内圆半径；

　　0.52m——喷泉循环水池的铸铁格栅盖板的外圆半径。

7. 石球雕塑

项目编码：050307018003　　项目名称：砖石砌小摆设

工程量计算规则：按图示尺寸以体积计算或以数量计算。

由绿地总平面图图 2-1 得：

石球雕塑的工程量为：1 个

8. 汀步

1）汀步柱

项目编码：010502001001　　项目名称：矩形柱

工程量计算规则：按设计图示尺寸以体积计算。

由汀步平面图图 2-42、汀步剖面图图 2-43 得：

汀步柱的工程量为：

$$V = 0.6 \times 0.12 \times 0.2 \times 105 \text{m}^3 = 1.51 \text{m}^3$$

【注释】　　0.6m——汀步柱的长；

　　0.12m——汀步柱的宽；

　　0.2m——汀步柱的高；

　　105——汀步的个数。

2）汀步面

项目编码：050307018004　　项目名称：砖石砌小摆设

工程量计算规则：按设计图示尺寸以体积计算或以数量计算。

由汀步平面图图 2-42、汀步剖面图图 2-43 得：

汀步面青石的工程量为：

$$V = 0.3 \times 0.7 \times 0.1 \times 105\text{m}^3 = 2.21\text{m}^3$$

【注释】 0.3m——汀步面的宽；

0.7m——汀步面的长；

0.1m——汀步面的厚；

105——汀步的个数。

9. 水池

1）水池基础

① 挖土方

项目编码：010101003007 项目名称：挖基础土方

工程量计算规则：按设计图示尺寸以基础垫层面积乘以挖土深度计算。

由水池基础平面图图 2-45、水池剖面图图 2-46 得：

水池挖土方的工程量为：

$$V = V_1 + V_2 + V_3$$

【注释】 V_1——水池一的挖土方量；

V_2——水池二的挖土方量；

V_3——水池三的挖土方量。

由水池基础平面图图 2-45 得：

$V_1 = S_1 H$

$= (S_{矩形} + S_{三角形1} + S_{三角形2}) H$

$= \left[5.202 \times 11.192 + \dfrac{1}{2} \times (9.34 - 5.202) \times 11.192 + \dfrac{1}{2} \times 5.913 \times 10.364 \right] \times 0.4\text{m}^3$

$= (58.22078 + 23.1714 + 30.64117) \times 0.4\text{m}^3$

$= 112.0331 \times 0.4\text{m}^3$

$= 44.81\text{m}^3$

【注释】 5.202m——挖水池一基础矩形的短边长；

11.192m——挖水池一基础矩形的长边长；

(9.34−5.202)m——挖水池一基础三角形 1 的底边长；

11.192m——挖水池一基础三角形 1 的高；

5.913m——挖水池一基础三角形 2 的底边长；

10.364m——挖水池一基础三角形 2 的高；

0.4m——挖水池的深度。

$V_2 = S_2 H$

$= (5.9 + 0.075 \times 2) \times (23 + 0.075 \times 2) \times 0.4\text{m}^3$

$= 6.05 \times 23.15 \times 0.4\text{m}^3$

$= 56.02\text{m}^3$

【注释】 5.9m——水池二的宽；

0.075m——水池二池壁距基础垫层边缘的距离；

23m——水池二的长；

0.4m——挖水池的深度。

$$V_3 = S_3 H$$
$$= (4.8 + 0.075 \times 2) \times (11.7 + 0.075 \times 2) \times 0.4 \text{m}^3$$
$$= 4.95 \times 11.85 \times 0.4 \text{m}^3$$
$$= 23.46 \text{m}^3$$

【注释】 4.8m——水池三的宽；

0.075m——水池三池壁距基础垫层边缘的距离；

11.7m——水池三的长；

0.4m——挖水池的深度。

$$V = (43.31 + 56.02 + 23.46) \text{m}^3 = 122.79 \text{m}^3$$

② 100mm 厚 3：7 灰土垫层

项目编码：010404001007　　项目名称：垫层

工程量计算规则：按设计图示尺寸以体积计算。

由水池剖面图图 2-46、水池基础平面图图 2-45 得：

100mm 厚 3：7 灰土垫层的工程量为：

$$V = V_1 + V_2 + V_3 = (S_1 + S_2 + S_3)H$$

$$S_1 = S_{矩形} + S_{三角形1} + S_{三角形2}$$

$$= \left[5.202 \times 11.192 + \frac{1}{2} \times (9.34 - 5.202) \times 11.192 + \frac{1}{2} \times 5.913 \times 10.364 \right] \text{m}^2$$

$$= (58.221 + 23.156 + 26.910) \text{m}^2$$

$$= 108.29 \text{m}^2$$

【注释】 5.202m——挖水池一基础矩形的短边长；

11.192m——挖水池一基础矩形的长边长；

(9.34−5.202)m——挖水池一基础三角形 1 的底边长；

11.192m——挖水池一基础三角形 1 的高；

5.913m——挖水池一基础三角形 2 的底边长；

10.364m——挖水池一基础三角形 2 的高。

$$S_2 = (5.9 + 0.075 \times 2) \times (23 + 0.075 \times 2) \text{m}^2 = 6.05 \times 23.15 \text{m}^2 = 140.0575 \text{m}^2$$

【注释】 5.9m——水池二的宽；

0.075m——水池二池壁距基础垫层边缘的距离；

23m——水池二的长。

$$S_3 = (4.8 + 0.075 \times 2) \times (11.7 + 0.075 \times 2) \text{m}^2 = 4.95 \times 11.85 \text{m}^2 = 58.66 \text{m}^2$$

【注释】 4.8m——水池三的宽；

0.075m——水池三池壁距基础垫层边缘的距离；

11.7m——水池三的长。
$$V=(108.29+140.0575+58.66)\times0.1\text{m}^3=30.70\text{m}^3$$

【注释】　0.1m——3∶7 灰土垫层的厚度。

③ 人工回填土

项目编码：010103001006　　项目名称：土（石）方回填

工程计算规则：按设计图示尺寸以体积计算。

由水池基础平面图图 2-45、水池剖面图图 2-46 得：

水池人工回填土的工程量为：
$$V=V_{挖}-V_{3∶7灰土}-V_{水池}$$

$V_{水池1}=S_{水池1}\times H$

$$=\left[10.911\times5.066+\frac{1}{2}\times(9.193-5.066)\times10.991+\frac{1}{2}\times5.767\times10.227\right]\times0.3\text{m}^3$$

$$=(55.275+22.515+29.490)\times0.3\text{m}^3$$

$$=107.280\times0.3\text{m}^3$$

$$=32.18\text{m}^3$$

【注释】　0.3m——水池一埋入地面以下的深度。

$V_{水池2}=5.85\times22.95\times0.3\text{m}^3=134.2575\times0.3\text{m}^3=40.27725\text{m}^3$

【注释】　5.85m——水池二的外池壁宽；

　　　　　22.95m——水池二的外池壁长；

　　　　　0.3m——水池二埋入地面以下的深度。

$V_{水池3}=4.75\times11.65\times0.3\text{m}^3=55.3375\times0.3\text{m}^3=16.60125\text{m}^3$

【注释】　4.75m——水池三的外池壁宽；

　　　　　11.65m——水池三的外池壁长；

　　　　　0.3m——水池三埋入地面以下的深度。

$$V_{水池}=(32.184+40.277+16.601)\text{m}^3=89.06236\text{m}^3$$

$$V=(122.79-30.70-89.06)\text{m}^3=3.03\text{m}^3$$

【注释】　122.79m³——水池的挖土方量；

　　　　　30.70m³——3∶7 灰土垫层的工程量；

　　　　　89.06m³——水池所占的总体积。

2）混凝土水池池底

项目编码：070101001003　　项目名称：贮水（油）池

工程量计算规则：按设计图示尺寸以体积计算。

由水池基础平面图图 2-45、水池剖面图图 2-46 得：

混凝土水池池底的工程量为：
$$V=V_1+V_2+V_3$$

由水池基础平面图图 2-45 得：

$V_1=(S_{矩形}+S_{三角形1}+S_{三角形2})\times H$

$$=\left[10.691\times4.861+\frac{1}{2}\times(8.973-4.861)\times10.691+\frac{1}{2}\times5.547\times10.023\right]\times0.15\text{m}^3$$

$$=(51.969+21.981+27.799)\times0.15\text{m}^3$$

$$=101.748\times0.15\text{m}^3$$

$$=15.26\text{m}^3$$

【注释】　10.691m——水池一混凝土池底的矩形长边长；

　　　　　4.814m——水池一混凝土池底的矩形短边长；

　　(8.973−4.861)m——水池一混凝土池底的三角形1的底边长；

　　　　　5.547m——水池一混凝土池底的三角形2的底边长；

　　　　　10.023m——水池一混凝土池底的三角形2的高；

　　　　　0.15m——水池的混凝土池底厚度。

$$V_2=S_2H$$

$$S_2=5.55\times22.65\text{m}^2=125.71\text{m}^2$$

【注释】　5.55m——水池二混凝土底的宽；

　　　　　22.65m——水池二混凝土底的长。

$$V_2=125.71\times0.15\text{m}^3=18.86\text{m}^3$$

【注释】　0.15m——水池的混凝土池底厚度。

$$V_3=S_3H$$

$$S_3=4.45\times11.35\text{m}^2=50.51\text{m}^2$$

【注释】　4.45m——水池二混凝土底的宽；

　　　　　11.35m——水池二混凝土底的长。

$$V_3=50.51\times0.15\text{m}^3=7.58\text{m}^3$$

【注释】　0.15m——水池的混凝土池底厚度。

$$V=(15.26+18.86+7.58)\text{m}^3=41.69\text{m}^3$$

3）钢筋混凝土水池池壁

项目编码：070101002003　　项目名称：贮水（油）池

工程量计算规则：按设计图示尺寸以体积计算。

由水池基础平面图图2-45、水池剖面图图2-46得：

钢筋混凝土水池池壁的工程量为：

$$V=V_1+V_2+V_3$$

$$V=S_{截面}\times L_{周长}$$

$$S_{截面}=0.15\times(0.3+0.17)\text{m}^2=0.0705\text{m}^2$$

【注释】　0.15m——钢筋混凝土池壁的宽；

　　　　　0.3m——钢筋混凝土池壁地面以下的深度；

　　　　　0.17m——钢筋混凝土池壁地面以上的高度。

$$L_{周长1}=\frac{L_{外}+L_{内}}{2}$$

$$= \frac{(10.991+9.193+5.767+10.227+5.066)+(10.691+8.973+5.547+10.023+4.861)}{2}\text{m}$$

$$= \frac{41.244+40.095}{2}\text{m}=40.67\text{m}$$

【注释】 　 (10.991+9.193+5.767+10.227+5.066)m——水池一的外池壁边长和；

　　　　 (10.691+8.973+5.547+10.023+4.861)m——水池一的内池壁边长和。

$$V_1=0.0705\times40.67\text{m}^3=2.8672\text{m}^3$$

$$L_{周长2}=[(5.85-0.15)\times2+(22.95-0.15)\times2]\text{m}=(11.4+45.6)\text{m}=57\text{m}$$

【注释】 　 5.85m——水池二的外壁宽；

　　　　 0.15m——水池壁的宽度；

　　　　 22.95m——水池二的外壁长；

　　　　 2——水池二的两个相同的边。

$$V_2=0.0705\times57\text{m}^3=4.0185\text{m}^3$$

$$L_{周长3}=[(4.75-0.15)\times2+(11.65-0.15)\times2]\text{m}=(9.2+23)\text{m}=32.2\text{m}$$

【注释】 　 4.75m——水池三的外壁宽；

　　　　 0.15m——水池壁的宽度；

　　　　 11.65m——水池三的外壁长；

　　　　 2——水池三的两个相同的边。

$$V_3=0.0705\times32.2\text{m}^3=2.2701\text{m}^3$$

$$V=(2.8672+4.0185+2.2701)\text{m}^3=9.16\text{m}^3$$

4）防水水泥砂浆

项目编码：010903003003　　　 项目名称：砂浆防水（潮）

工程量计算规则：按设计图示尺寸以面积计算。

由水池基础平面图图 2-45、水池剖面图图 2-46 得：

防水水泥砂浆的工程量为：

$$S=S_1+S_2+S_3$$

由水池平面图图 2-44、景墙基础平面图图 2-24、雕塑平面图图 2-39 得：

$$S_1=(S_{池底1}-S_{雕塑}-S_{景墙})+S_{池壁1}$$

由混凝土池底计算过程知，$S_{池底1}=101.7484\text{m}^2$

$$S_{景墙}=0.5\times2.8\times3\text{m}^2=4.2\text{m}^2$$

【注释】 　 0.5m——景墙底座的宽；

　　　　 2.8m——景墙底座的长；

　　　　 3——景墙的个数。

$$S_{雕塑}=1\times1\text{m}^2=1\text{m}^2$$

【注释】 　 1m——雕塑底座的边长。

$$S_{池壁1}=L_{内1}\times H$$

$$=(10.691+8.973+5.547+10.023+4.861)\times0.32\text{m}^2$$

$$=40.095\times0.32m^2$$
$$=12.8304m^2$$

【注释】　$0.32m$——水池内壁抹水泥砂浆的深度。

$$S_1=[(101.7484-1-4.2)+12.8304]m^2=109.3778m^2$$

由混凝土池底计算过程、钢筋混凝土池壁计算过程知：

$$S_{池底2}=125.7075m^2,S_{池底3}=50.5075m^2;$$
$$L_{周长2}=(5.55\times2+22.65\times2)m=56.4m$$

【注释】　$5.55m$——水池二的内壁宽；

　　　　　$22.65m$——水池二的内壁长。

$$L_{周长3}=(4.45\times2+11.35\times2)m=31.6m$$

【注释】　$4.45m$——水池三的内壁宽；

　　　　　$11.35m$——水池三的内壁长。

故　　　　　　　$S_{池壁2}=56.4\times0.32m^2=18.048m^2$
$$S_{池壁3}=31.6\times0.32m^2=10.112m^2$$

【注释】　$0.32m$——水池内壁抹水泥砂浆的深度。

$$S_2=(125.7075+18.048)m^2=143.7555m^2$$

【注释】　$125.7075m^2$——水池二的池底面积；

　　　　　$18.048m^2$——水池二的池壁面积。

$$S_3=(50.5075+10.112)m^2=60.6195m^2$$

【注释】　$50.5075m^2$——水池三的池底面积；

　　　　　$10.112m^2$——水池三的池壁面积。

$$S=(109.3778+143.7555+60.6195)m^2=313.75m^2$$

5）钢筋工程

【注释】　$\phi8$为圆钢，保护层的厚度为30mm；单位质量$V_{\phi8}=0.395kg/m$。

项目编码：010515001007　　　项目名称：现浇混凝土钢筋

工程量计算规则：按设计图示钢筋（网）长度（面积）乘以单位理论质量计算。

由水池池壁钢筋示意图图2-47、水池基础平面图图2-45、水池剖面图图2-46得：

$$W_{\phi8}=L_{\phi8}\times V_{\phi8}$$
$$N(竖向)=N_1+N_2+N_3$$

【注释】　N_1——水池一$\phi8$竖向上的根数；

　　　　　N_2——水池二$\phi8$竖向上的根数；

　　　　　N_3——水池三$\phi8$竖向上的根数。

排列根数$N=\dfrac{L-100mm}{设计间距}+1$，其中$L=$池壁的净长。

$$N_1=\left(\dfrac{L_{周长1}-0.1}{0.1}+1\right)\times2=\left(\dfrac{40.6695-0.1}{0.1}+1\right)\times2根=814根$$

【注释】　$40.6695m$——水池壁工程量计算的水池一的周长；

0.1m——设计间距；

2——竖向钢筋的双向。

$$N_2 = \left(\frac{L_{周长2} - 0.1}{0.1} + 1\right) \times 2 = \left(\frac{57 - 0.1}{0.1} + 1\right) \times 2根 = 1140根$$

【注释】　57m——水池壁工程量计算的水池二的周长；

0.1m——设计间距；

2——竖向钢筋的双向。

$$N_3 = \left(\frac{L_{周长3} - 0.1}{0.1} + 1\right) \times 2 = \left(\frac{32.2 - 0.1}{0.1} + 1\right) \times 2根 = 644根$$

【注释】　32.2m——水池壁工程量计算的水池三的周长；

0.1m——设计间距；

2——竖向钢筋的双向。

$$N = (814 + 1140 + 644)根 = 2598根$$

$L_{\phi8}$（竖向）＝（池壁的高度－保护层的厚度＋弯起的长度）×根数

$$= [(0.17 + 0.3) - 0.03 \times 2 + 6.25 \times 0.008 \times 2] \times 2598m$$

$$= (0.47 - 0.06 + 0.1) \times 2598m$$

$$= 0.51 \times 2598m$$

$$= 1324.98m$$

【注释】　0.17m——池壁地面以上的高度；

0.3m——池壁地面以下的深度；

0.03m——保护层的厚度；

0.008m——钢筋的直径。

$$L_{\phi8}（横向）= L_1 + L_2 + L_3$$

【注释】　L_1——水池一中横向钢筋 $\phi8$ 的长度；

L_2——水池二中横向钢筋 $\phi8$ 的长度；

L_3——水池三中横向钢筋 $\phi8$ 的长度。

$L_1 = [(10.911 - 0.03 \times 2) + (9.193 - 0.03 \times 2) + (5.767 - 0.03 \times 2) +$

$(10.227 - 0.03 \times 2) + (5.066 - 0.03 \times 2)] \times 2m$

$$= 30.073 \times 2m = 60.146m$$

【注释】　0.03m——保护层的厚度；

2——钢筋的双向排列。

$$L_2 = [(5.85 - 0.03 \times 2) \times 2 + (22.95 - 0.03 \times 2) \times 2] \times 2m = 57.36 \times 2m = 114.72m$$

【注释】　5.85m——水池二的外池壁宽；

0.03m——保护层的厚度；

22.95m——水池二的外池壁长；

2——钢筋的双向排列。

$$L_3 = [(4.75 - 0.03 \times 2) \times 2 + (11.65 - 0.03 \times 2) \times 2] \times 2m = 32.56 \times 2m = 65.12m$$

【注释】　4.75m——水池三的外池壁宽；

0.03m——保护层的厚度；

11.65m——水池三的外池壁长；

2——钢筋的双向排列。

$$L_{\phi 8(横向)}=(60.146+114.72+65.12)\text{m}=239.986\text{m}$$

$$L_{\phi 8}=L_{\phi 8(竖向)}+L_{\phi 8(横向)}=(1324.98+239.986)\text{m}=1564.966\text{m}$$

$$W_{\phi 8}=L_{\phi 8}\times V_{\phi 8}=1564.966\times 0.395\text{kg}=618.1616\text{kg}=0.618\text{t}$$

【注释】　0.395kg/m——钢筋 $\phi 8$ 的单位理论质量。

10. 现浇混凝土桌凳

项目编码：050305004001　　项目名称：现浇混凝土桌凳

工程量计算规则：按设计图示数量计算。

由绿地总平面图图 2-1 得：

现浇混凝土桌凳的工程量为：16 个

11. 广场石灯

1）石灯基础

① 挖土方

项目编码：010101003008　　项目名称：挖基础土方

工程量计算规则：按设计图示尺寸以基础垫层面积乘以挖土深度计算。

由石灯基础剖面图图 2-55 得：

挖基础土方的工程量为：

$$V=0.64\times 0.64\times 0.65\times 24\text{m}^3=6.39\text{m}^3$$

【注释】　0.64m——石灯挖基础土方的基础边长；

0.65m——石灯挖基础土方的深度；

24——石灯的个数。

② 3：7 灰土垫层

项目编码：010404001008　　项目名称：垫层

工程量计算规则：按设计图示尺寸以体积计算。

由石灯基础剖面图图 2-55 得：

3：7 灰土垫层的工程量为：

$$V=0.64\times 0.64\times 0.15\times 24\text{m}^3=1.47\text{m}^3$$

【注释】　0.64m——石灯基础的底边边长；

0.15m——3：7 灰土的厚度；

24——石灯的个数。

③ 混凝土独立基础

项目编码：010501003004　　项目名称：独立基础

工程量计算规则：按设计图示尺寸以体积计算。

由石灯基础剖面图图 2-55 得：

石灯混凝土独立基础的工程量为：

$$V = [(0.64 - 0.11 \times 2) \times (0.64 - 0.11 \times 2) \times 0.1 + (0.18 + 0.06 \times 2) \times (0.18 +$$
$$0.06 \times 2) \times 0.1] \times 24 \text{m}^3$$
$$= (0.42 \times 0.42 \times 0.1 + 0.3 \times 0.3 \times 0.1) \times 24 \text{m}^3$$
$$= 1.73 \text{m}^3$$

【注释】 0.64m——底边灰土垫层的边长；

0.11m——独立基础下层大放脚每边短于灰土垫层的宽度；

0.1m——独立基础每层大放脚的厚度；

0.18m——石灯柱的直径；

0.06m——独立基础每层大放脚放宽的宽度；

24——石灯的个数。

④ 人工回填土

项目编码：010103001008 项目名称：土（石）方回填

工程计算规则：按设计图示尺寸以体积计算。

由石灯基础剖面图图 2-55 得：

回填土的工程量为：

$$V = V_{挖} - V_{3:7灰土} - V_{独立基础} - V_{灯柱}$$
$$= \left[6.39 - 1.47 - 1.73 - 3.14 \times \left(\frac{0.18}{2} \right)^2 \times 0.3 \times 24 \right] \text{m}^3$$
$$= (6.39 - 1.47 - 1.73 - 0.183125) \text{m}^3$$
$$= 3.00 \text{m}^3$$

【注释】 6.39m³——石灯柱基础挖土方的工程量；

1.47m³——石灯柱基础 3:7 灰土垫层的工程量；

1.73m³——石灯柱独立基础的工程量；

3.14——圆周率；

0.18m——石灯柱的直径；

0.3m——石灯柱埋入地面以下的深度；

24——石灯柱的个数。

2）石灯

项目编码：050307001001 项目名称：石灯

工程量计算规则：按设计图示数量计算。

由绿地总平面图 2-1 得：

广场石灯的工程量为：24 个

3）抹灰

项目编码：011202002001 项目名称：柱面装饰抹灰

工程量计算规则：按设计图示断面周长乘以高度以面积计算。

由石灯基础剖面图图 2-55、石灯立面图图 2-56 得：

水泥砂浆抹灰的工程量为：

$S＝\pi Dhn＝3.14×0.2×(2.1-0.6)×24\text{m}^2＝3.14×0.2×1.5×24\text{m}^2＝22.61\text{m}^2$

【注释】　3.14——圆周率；

0.2m——抹水泥砂浆的石灯灯柱的直径；

2.1m——石灯灯柱地面以上部分的总高；

0.6m——石灯灯头部分的长度；

24——石灯的个数。

4）钢筋

① 石灯柱 $\phi8$ 直筋

项目编码：010515001008　　项目名称：现浇混凝土钢筋

工程量计算规则：按设计图示钢筋（网）长度（面积）乘以理论质量计算。

由石灯基础剖面图图 2-55、石灯立面图图 2-56 得：

石灯柱 $\phi8$ 直筋的工程量为：

$$W_{\phi8}＝L_{\phi8}×V_{\phi8}×N_{\phi8}×N$$

$$L_{\phi8}＝石灯钢筋混凝土灯柱净高-保护层的厚度+弯起的长度$$

$$＝[(2.1-0.6+0.3+0.1+0.1)-0.03×2+0.8]\text{m}$$

$$＝(2-0.06+0.8)\text{m}$$

$$＝2.74\text{m}$$

【注释】　2.1m——石灯灯柱地面以上的高度；

0.6m——石灯灯头的长度；

0.3m——石灯灯柱埋入地面以下的深度；

0.1m——石灯独立基础的每层放大脚的高度；

0.03m——保护层的厚度；

0.8m——弯起的长度。

$$W_{\phi8}＝2.74×0.395×4×24\text{kg}＝103.90\text{kg}＝0.104\text{t}$$

【注释】　2.74m——一根 $\phi8$ 直筋的长度；

0.395kg/m—— $\phi8$ 钢筋的单位理论质量；

4——每根石灯柱中 $\phi8$ 钢筋的根数；

24——石灯的个数。

② 石灯柱 $\phi4$ 箍筋

项目编码：010515001009　　项目名称：现浇混凝土钢筋

工程量计算规则：按设计图示钢筋（网）长度（面积）乘以单位理论质量计算。

由石灯基础剖面图图 2-55、石灯立面图图 2-56 得：

排列根数 $N＝\dfrac{L-100\text{mm}}{设计间距}+1$，其中 $L＝$ 柱、梁、板净长。

$$N_{\phi4}＝\frac{(2.1-0.6+0.3+0.1+0.1)-0.1}{0.2}+1＝11根$$

【注释】 2.1m——石灯灯柱地面以上的高度；

0.6m——石灯灯头的长度；

0.3m——石灯灯柱埋入地面以下的深度；

0.1m——石灯独立基础的每层放大脚的高度；

0.2m——设计间距。

箍筋末端作135°弯钩，弯钩平直部分的长度为 e，为箍筋直径的5倍。

故箍筋的长度 $L_{\phi 6}=[(a-2c+2d)\times 2+(b-2c+2d)\times 2+14d]\times N_{\phi 4}\times N$

【注释】 a——柱面的长；

b——柱面的宽；

d——钢筋的直径；

c——保护层的厚度。

$L_{\phi 4}=[(0.2-2\times 0.03+2\times 0.004)\times 2+(0.2-2\times 0.03+2\times 0.004)\times 2+14\times 0.004]\times$

$11\times 24\mathrm{m}$

$=(0.296+0.296+0.056)\times 11\times 24\mathrm{m}$

$=0.648\times 11\times 24\mathrm{m}$

$=171.072\mathrm{m}$

【注释】 0.2m——石灯灯柱的直径；

0.03m——保护层的厚度；

0.004m——钢筋的直径；

11——每个石灯中 $\phi 4$ 箍筋的根数；

24——石灯的个数。

$$W_{\phi 4}=L_{\phi 4}\times V_{\phi 4}=171.072\times 0.099\mathrm{kg}=16.93613\mathrm{kg}=0.017\mathrm{t}$$

【注释】 0.099kg/m——$\phi 4$ 钢筋的单位理论质量。

3.4 清单工程量计算表

某小游园清单工程量汇总见表3-1。

清单工程量计算表 表3-1

序号	项目编码	项目名称	项目特征描述	计量单位	工程量
1	050101010001	整理绿化用地	普坚土种植	m²	3000
2	050102001001	栽植乔木	合欢，落叶乔木，胸径 6cm，Ⅱ级养护，保护一年	株	3
3	050102001002	栽植乔木	法桐，落叶乔木，胸径 15cm，Ⅱ级养护，保护一年	株	7

序号	项目编码	项目名称	项目特征描述	计量单位	工程量
4	050102001003	栽植乔木	香樟,常绿乔木,胸径10cm,Ⅱ级养护,保护一年	株	12
5	050102001004	栽植乔木	黄山栾树,落叶乔木,胸径10cm,Ⅱ级养护,保护一年	株	8
6	050102001005	栽植乔木	大叶女贞,常绿乔木,胸径8cm,Ⅱ级养护,保护一年	株	6
7	050102002001	栽植灌木	金叶女贞,绿篱高1.2m,Ⅱ级养护	株	21
8	050102001006	栽植乔木	桧柏,胸径1.5cm,高3.0m,Ⅱ级养护,保护一年	株	9
9	050102008001	栽植花卉	月季,一年生,普通花坛栽植,Ⅱ级养护	m²	21.8
10	050102007001	栽植色带	紫叶小檗,株丛高0.6m,Ⅱ级养护	m²	11.52
11	050102005001	栽植绿篱	火棘,高0.7m,宽0.8m,Ⅱ级养护	m	225.5
12	050102008002	栽植花卉	金钟连翘,一年生,普通花坛栽植,Ⅱ级养护	m²	118.9
13	050102001007	栽植乔木	紫荆,落叶乔木,胸径6cm,Ⅱ级养护,保护一年	株	18
14	050102013001	喷播植草	高羊茅,Ⅱ级养护	m²	1264.6
15	050102009001	栽植水生植物	睡莲,Ⅱ级养护,保护一年	丛	25
16	050102006001	栽植攀缘植物	木香,Ⅱ级养护,保护一年	株	8
17	050201001001	园路	混凝土园路,混凝土路面,100mm厚混凝土大块路面,50mm厚水泥砂浆,180mm厚灰土垫层,50mm厚混凝土垫层,素土夯实	m²	244.95
18	050201001002	园路	石板路,40mm厚青石片,30mm厚砂浆结合层,100mm厚混凝土垫层,100mm厚碎石垫层,150mm厚3:7灰土,素土夯实	m²	203.23
19	050201001003	园路	广场一,50mm厚预置混凝土假冰片,50mm厚粗砂,250mm厚灰土垫层,素土夯实	m²	258.73
20	050201001004	园路	广场二,100mm厚高强度透水型混凝土路面砖,50mm厚粗砂,250mm厚灰土垫层,素土夯实	m²	242.36
21	050201001005	园路	广场三,100mm厚无图案广场砖,50mm厚粗砂,250mm厚灰土垫层,素土夯实	m²	170.35
22	050201001006	园路	广场四,100mm厚高强度透水型混凝土路面砖,50mm厚粗砂,250mm厚灰土垫层,素土夯实	m²	98.73
23	050201003001	路牙铺设	花岗石路牙,600mm×120mm×100mm	m	151.47

序号	项目编码	项目名称	项目特征描述	计量单位	工程量
24	010101003001	挖基础土方	花廊柱工程,挖花廊柱基础,挖土厚度为480mm	m³	5.55
25	010404001001	垫层	花廊柱工程,挖花廊柱基础,30mm厚3：7灰土	m³	0.35
26	010501001001	垫层	花廊柱工程,挖花廊柱基础,50mm厚混凝土	m³	0.58
27	010501003001	独立基础	花廊柱工程,钢筋混凝土基础	m³	1.02
28	010103001001	土(石)方回填	花廊柱工程,人工回填土,夯填,密实度达95%以上	m³	1.06
29	050304001001	现浇混凝土花廊柱、梁	花廊工程,预制混凝土柱,共16个	m³	8.64
30	050304001002	现浇混凝土花廊柱、梁	花廊工程,预制混凝土梁,共2根	m³	4.63
31	050304001003	现浇混凝土花廊柱、梁	花廊工程,预制混凝土檩,共33根	m³	6.6
32	011102003001	块料楼地面	花廊平台工程,30mm厚大理石,20mm厚水泥砂浆,100mm厚混凝土,素土夯实	m²	112
33	010702005001	其他木构件	花坛一工程,花坛围板采用优质防腐木1200mm×100mm×100mm和1000mm×100mm×100mm,内用螺栓固定	m³	3.26
34	050307018001	砖石砌小摆设	花坛二工程,花坛砖砌壁上贴砖红色瓷砖,砖基础,混凝土垫层100mm厚,素土夯实	个	1
35	050307018002	砖石砌小摆设	花坛三工程,花坛毛石壁上贴花岗石,毛石基础,混凝土垫层130mm厚,素土夯实	个	1
36	010401003001	实心砖墙	景墙工程,2m高,2m宽,水刷石抹面,砖砌墙体,200mm厚素混凝土垫层,100mm厚3：7灰土垫层,素土夯实	m³	3.37
37	010101003002	挖基础土方	景观柱工程,挖景观柱基础,挖土厚度为1000mm	m³	7.81
38	010404001002	垫层	景观柱工程,挖景观柱基础,150mm厚3：7灰土	m³	1.71
39	010501003002	独立基础	景观柱工程,钢筋混凝土基础	m³	1.65
40	010103001002	土(石)方回填	景观柱工程,人工回填土,夯填,密实度达95%以上	m³	4.01
41	010502003001	异形柱	景观柱工程,圆柱,截面直径450mm,柱高3.5m	m³	3.22

续表

序号	项目编码	项目名称	项目特征描述	计量单位	工程量
42	010515001001	现浇混凝土钢筋	景观柱工程,$\phi12$ 螺纹钢	t	0.058
43	010515001002	现浇混凝土钢筋	景观柱工程,$\phi6$ 箍筋	t	0.03
44	010515001003	现浇混凝土钢筋	景观柱工程,$\phi4$ 圆筋	t	0.006
45	010101003003	挖基础土方	圆锥亭工程,挖柱基础,挖土厚度为800mm	m³	4.70
46	010404001003	垫层	圆锥亭工程,挖柱基础,砂石垫层厚度为100mm	m³	0.59
47	010501003003	独立基础	圆锥亭工程,挖柱基础,钢筋混凝土基础	m³	1.18
48	010103001003	土(石)方回填	圆锥亭柱工程,人工回填土,夯填,密实度达95%以上	m³	2.74
49	010101003004	挖基础土方	圆锥亭工程,挖坐凳柱基础,挖土厚度为300mm	m³	0.09
50	010404001004	垫层	圆锥亭工程,挖坐凳柱基础,砂石垫层厚度为100mm	m³	0.03
51	010103001004	土(石)方回填	圆锥亭坐凳腿工程,人工回填土,夯填,密实度达95%以上	m³	0.05
52	010502003002	异形柱	圆锥亭柱工程,圆柱,截面直径300mm,柱高2.88m	m³	1.55
53	010507007001	其他构件	圆锥亭顶工程,圆锥形,高0.5m	m³	6.28
54	010502003003	异形柱	圆锥亭坐凳腿工程,圆柱,截面直径60mm,柱高0.35m	m³	0.005
55	010507007002	其他构件	圆锥亭坐凳工程,坐凳面,厚0.05mm	m³	0.06
56	010515001004	现浇混凝土钢筋	圆锥亭柱工程,$\phi12$ 螺纹钢	t	0.029
57	010515001005	现浇混凝土钢筋	圆锥亭柱工程,$\phi6$ 箍筋	t	0.009
58	010515001006	现浇混凝土钢筋	圆锥亭柱工程,$\phi4$ 圆筋	t	0.005
59	010101003005	挖基础土方	旱喷泉工程,挖循环水池基础,挖土厚度为1.7m	m³	3.42
60	010404001005	垫层	旱喷泉工程,循环水池基础,3:7灰土垫层厚度为200mm	m³	0.4
61	070101002001	贮水(油)池	旱喷泉工程,混凝土循环水池壁,内壁直径1m的圆形水池	m³	1.13
62	070101001001	贮水(油)池	旱喷泉工程,混凝土循环水池底,直径1.4m的圆形水池池底	m³	0.31
63	010903003001	砂浆防水(潮)	旱喷泉工程,循环水池内壁,内壁直径1m的圆形水池	m²	5.50
64	010103001005	土(石)方回填	旱喷泉循环水池工程,人工回填土,夯填,密实度达95%以上	m³	0.71
65	010101003006	挖基础土方	旱喷泉工程,挖喷泉槽基础,挖土厚度为0.45m	m³	2.37

序号	项目编码	项目名称	项目特征描述	计量单位	工程量
66	010404001006	垫层	旱喷泉工程,喷泉槽基础,3：7灰土垫层厚度为100mm	m³	0.53
67	070101002002	贮水(油)池	旱喷泉工程,混凝土喷泉槽壁,内壁宽0.3m的环形水槽	m³	0.76
68	070101001002	贮水(油)池	旱喷泉工程,混凝土喷泉槽底,宽0.3m的环形水槽	m³	0.42
69	010903003002	砂浆防水(潮)	旱喷泉工程,喷泉槽内壁,内壁宽0.3m的环形水池	m²	10.17
70	010103001006	土(石)方回填	旱喷泉槽工程,人工回填土,夯填,密实度达95%以上	m³	0.36
71	050306001001	喷泉管道	旱喷泉工程,主给水管道DN50,喷泉管道长8.5m	m	8.5
72	050306001002	喷泉管道	旱喷泉工程,分水管道DN30,螺纹钢连接的焊接钢管,喷泉管道长8.36m	m	8.36
73	050306001003	喷泉管道	旱喷泉工程,泄水管道DN100,螺纹钢连接的焊接钢管,喷泉管道长6.8m	m	6.8
74	050306001004	喷泉管道	旱喷泉工程,溢水管道DN50,螺纹钢连接的焊接钢管,喷泉管道长1.2m	m	1.2
75	050306003001	水下艺术装饰灯具	旱喷泉工程,水下密封型彩灯灯具	套	10
76	050306002001	喷泉电缆	旱喷泉工程,铝芯电缆,石棉水泥管保护	m	10.5
77	050306004001	电气控制柜	旱喷泉工程,电气控制柜落地式安装	台	1
78	050201001007	园路	旱喷泉广场工程,灰绿色花岗石贴面,20mm厚1：2水泥砂浆,200mm厚灰土垫层,素土夯实	m²	3.41
79	050307018003	砖石砌小摆设	石球雕塑工程,底座为砖砌,雕塑为石材	个	1
80	010502001001	矩形柱	汀步工程,汀步柱,宽0.12m,长600m,高0.2m	m³	1.51
81	050307018003	砖石砌小摆设	汀步工程,青石汀步面,长0.7m,宽0.3m,厚0.1m	m³	2.21
82	010101003007	挖基础土方	水池工程,挖水池基础,挖土厚度为0.4m	m³	122.79
83	010404001007	垫层	水池工程,水池基础,3：7灰土垫层厚度为100mm	m³	30.7
84	010103001007	土(石)方回填	水池工程,人工回填土,夯填,密实度达95%以上	m³	3.03
85	070101001003	贮水(油)池	水池工程,混凝土水池池底	m³	41.69
86	070101002003	贮水(油)池	水池工程,混凝土水池池壁	m³	9.16

序号	项目编码	项目名称	项目特征描述	计量单位	工程量
87	010903003003	砂浆防水(潮)	水池工程,水池池底、池壁	m²	313.75
88	010515001007	现浇混凝土钢筋	水池工程,钢筋混凝土池壁,φ8 圆钢	t	0.618
89	050305004001	现浇混凝土桌凳	现浇钢筋混凝土坐凳,长 0.7m,宽 0.3m	个	16
90	010101003008	挖基础上方	石灯工程,挖灯柱基础,挖土厚度为 650mm	m³	6.39
91	010404001008	垫层	石灯工程,石灯柱基础,3:7 灰土垫层厚度为 150mm	m³	1.47
92	010501003004	独立基础	石灯工程,挖石灯柱基础,钢筋混凝土基础	m³	1.73
93	010103001008	土(石)方回填	石灯工程,人工回填土,夯填,密实度达 95% 以上	m³	3
94	050307001001	石灯	石灯工程,钢筋混凝土柱身 1.5m,0.6m 的灯头	个	24.00
95	011202002001	柱面装饰抹灰	石灯工程,石灯灯柱柱身抹水泥砂浆,10mm 厚	m²	22.61
96	010515001008	现浇混凝土钢筋	石灯工程,钢筋混凝土灯柱,φ8 直钢	t	0.104
97	010515001009	现浇混凝土钢筋	石灯工程,钢筋混凝土灯柱,φ4 箍筋	t	0.017

第4章　某小游园绿化工程定额工程量计算

定额工程量计算主要依据的是《江苏省仿古建筑与园林工程计价表》。本章主要从绿化工程、园路园桥工程、园林景观工程三个方面计算某小游园的定额工程量。

4.1　绿化工程部分

1. 平整场地（图 2-1）

工程量计算规则：按建筑物外墙外边线每边各加 2m 范围以平方米计算。

$$S=(60+2\times2)\times(50+2\times2)m^2=64\times54m^2=3456m^2=345.6(10m^2)$$

【注释】　60m——基址的长；

50m——基址的宽；

2m——基址平整场地加宽的量。

套用定额 1-121

2. 栽植苗木（图 2-1）

1）栽植乔木——合欢（见表 1-1）

（1）苗木预算价格见表 4-1

苗木预算价格表　　　　　　　　　　　　　　　　表 4-1

代码编号	名　称	规　格	单　位	预算价格（元）
802240207	合欢	胸径 6cm	株	50.00

（2）栽植乔木

合欢：栽植乔木（裸根），胸径 6cm 以内。

由表得，

工程量为：3 株＝0.3（10 株）　　　套用定额 3-118

（3）苗木养护——Ⅱ级养护

合欢：落叶乔木，胸径在 10cm 以内。

工程量为：0.3（10 株）　　　套用定额 3-361

2）栽植乔木——法桐（见表 1-1）

（1）苗木预算价格见表 4-2

苗木预算价格表　　　　　　　　　　　　　　　　表 4-2

代码编号	名　称	规　格	单　位	预算价格（元）
802090613	法桐	胸径 15cm	株	460.00

71

（2）栽植乔木

法桐：栽植乔木（裸根），胸径 16cm 以内。

由表得，

工程量为：7 株＝0.7（10 株）　　　套用定额 3-123

（3）苗木养护——Ⅱ级养护

法桐：落叶乔木，胸径在 20cm 以内。

工程量为：0.7（10 株）　　　套用定额 3-362

3）栽植乔木——香樟（见表 1-1）

（1）苗木预算价格见表 4-3

苗木预算价格表　　　表 4-3

代码编号	名　　称	规　　格	单　位	预算价格（元）
801100805	香樟	胸径 10cm	株	320.00

（2）栽植乔木

香樟：栽植乔木（裸根），胸径 10cm 以内。

由表得，

工程量为：12 株＝1.2（10 株）　　　套用定额 3-120

（3）苗木养护——Ⅱ级养护

香樟：常绿乔木，胸径在 10cm 以内。

工程量为：1.2（10 株）　　　套用定额 3-356

4）栽植乔木——黄山栾树（见表 1-1）

（1）苗木预算价格见表 4-4

苗木预算价格表　　　表 4-4

代码编号	名　　称	规　　格	单　位	预算价格（元）
802080211	黄山栾树	胸径 10cm	株	250.00

（2）栽植乔木

黄山栾树：栽植乔木（裸根），胸径 10cm 以内。

由表得，

工程量为：8 株＝0.8（10 株）　　　套用定额 3-120

（3）苗木养护——Ⅱ级养护

黄山栾树：落叶乔木，胸径在 10cm 以内。

工程量为：0.8（10 株）　　　套用定额 3-361

5）栽植乔木——大叶女贞（见表 1-1）

（1）苗木预算价格见表 4-5

苗木预算价格表　　　表 4-5

代码编号	名　　称	规　　格	单　位	预算价格（元）
801100122	大叶女贞	胸径 8cm	株	240.00

（2）栽植乔木

大叶女贞：栽植乔木（裸根），胸径 8cm 以内。

由表得，

工程量为：6 株＝0.6（10 株）　　　　套用定额 3-119

（3）苗木养护——Ⅱ级养护

大叶女贞：常绿乔木，胸径在 10cm 以内。

工程量为：0.6（10 株）　　　　套用定额 3-356

6）栽植灌木——金叶女贞（见表 1-1）

（1）苗木预算价格见表 4-6

表 4-6

苗木预算价格表

代码编号	名　称	规　格	单　位	预算价格（元）
804070305	金叶女贞	高 1～1.2cm	株	12.00

（2）栽植灌木

金叶女贞：栽植灌木（带土球），土球直径 80cm 以内。

由表得，

工程量为：21 株＝2.1（10 株）　　　　套用定额 3-143

（3）苗木养护——Ⅱ级养护

金叶女贞：灌木，蓬径在 150cm 以内。

工程量为：2.1（10 株）　　　　套用定额 3-368

7）栽植乔木——桧柏（见表 1-1）

（1）苗木预算价格见表 4-7

表 4-7

苗木预算价格表

代码编号	名　称	规　格	单　位	预算价格（元）
801020110	桧柏	高 3～3.5m	株	57.00

（2）栽植乔木

桧柏：栽植乔木（裸根），胸径 2cm 以内。

由表得，

工程量为：9 株＝0.9（10 株）　　　　套用定额 3-116

（3）苗木养护——Ⅱ级养护

桧柏：落叶乔木，胸径在 10cm 以内。

工程量为：0.9（10 株）　　　　套用定额 3-361

8）栽植花卉——月季（见表 1-1）

（1）苗木预算价格见表 4-8

表 4-8

苗木预算价格表

代码编号	名　称	规　格	单　位	预算价格（元）
805040302	月季	二年生	株	2.25

（2）栽植花卉

月季：露地花卉栽植，普通花坛，11株内/m²。

由表得，

工程量为：21.23m²＝2.12（10m²）　　套用定额3-197

（3）苗木养护——Ⅱ级养护

月季：露地花卉，木本类。

工程量为：2.12（10m²）　　套用定额3-400

9）栽植色带——紫叶小檗（见表1-1）

（1）苗木预算价格见表4-9

注：参照《郑州市建设工程材料基准价格信息》。

苗木预算价格表　　　　　　　　　　　　　　　表4-9

代码编号	名　称	规　格	单　位	预算价格（元）
000000457	紫叶小檗	高0.5~1m	株	1.20

（2）栽植片植绿篱、小灌木及地被

紫叶小檗：片植绿篱、小灌木及地被，高度在80cm以内，4株内/m²。

由表得，

工程量为：11.52m²＝1.15（10m²）　　套用定额3-171

（3）苗木养护——Ⅱ级养护

紫叶小檗：片植绿篱类，高度在100cm以内。

工程量为：1.15（10m²）　　套用定额3-382

10）栽植绿篱——火棘（见表1-1）

（1）苗木预算价格见表4-10

苗木预算价格表　　　　　　　　　　　　　　　表4-10

代码编号	名　称	规　格	单　位	预算价格（元）
804180703	火棘	高0.5~0.8cm	株	2.50

（2）栽植绿篱

火棘：栽植单排绿篱，高度在80cm以内，每米3棵。

由表得，

工程量为：225.5m＝22.55（10m）　　套用定额3-160

（3）苗木养护——Ⅱ级养护

火棘：单排绿篱，高度在100cm以内。

工程量为：22.55（10m）　　套用定额3-377

11）栽植花卉——金钟连翘（见表1-1）

（1）苗木预算价格见表4-11

苗木预算价格表　　　　　　　　　　　　　　表 4-11

代码编号	名　称	规　格	单　位	预算价格（元）
804150102	金钟连翘	二年生	株	0.80

（2）栽植花卉

金钟连翘：露地花卉栽植，普通花坛，6.3 株内/m²。

由表得，

工程量为：118.9m² = 11.89（10m²）　　套用定额 3-196

（3）苗木养护——Ⅱ级养护

金钟连翘：露地花卉，木本类。

工程量为：11.89（10m²）　　　　　套用定额 3-400

12）栽植乔木——紫荆（见表 1-1）

（1）苗木预算价格见表 4-12

苗木预算价格表　　　　　　　　　　　　　　表 4-12

代码编号	名　称	规　格	单　位	预算价格（元）
804040408	紫荆	胸径 6cm，高一米多分枝	株	5.20

（2）栽植乔木

紫荆：栽植乔木（裸根），胸径 6cm 以内。

由表得，

工程量为：18 株 = 1.8（10 株）　　套用定额 3-118

（3）苗木养护——Ⅱ级养护

紫荆：落叶乔木，胸径在 10cm 以内。

工程量为：1.8（10 株）　　　　　套用定额 3-361

13）喷播植草——高羊茅（见表 1-1）

（1）苗木预算价格见表 4-13

苗木预算价格表　　　　　　　　　　　　　　表 4-13

代码编号	名　称	规　格	单　位	预算价格（元）
806040501	高羊茅	—	m²	3.70

（2）喷播植草

高羊茅：坡度 1：1 以下（喷播植草），坡长 12m 以外。

由表得，

工程量为：1264.6m² = 126.46（10m²）　套用定额 3-216

（3）苗木养护——Ⅱ级养护

高羊茅：草坪类（割灌机修剪），冷季型。

工程量为：126.46（10m²）　　　　套用定额 3-405

14）栽种水生植物——睡莲（见表 1-1）

（1）苗木预算价格见表4-14

苗木预算价格表　　　　　　　　　　　　　表 4-14

代码编号	名　　称	规　　格	单　　位	预算价格（元）
806010201	睡莲	—	丛	12.00

（2）栽种水生植物

睡莲：缸植（10缸）。

由表得，

工程量为：25 丛＝2.5（10缸）　　　　　套用定额 3-191

（3）苗木养护——Ⅱ级养护

睡莲：水生植物类（盆栽）。

工程量为：2.5（10盆）　　　　　　　　套用定额 3-393

15）栽种攀缘植物——木香（见表1-1）

（1）苗木预算价格见表4-15

苗木预算价格表　　　　　　　　　　　　　表 4-15

代码编号	名　　称	规　　格	单　　位	预算价格（元）
805040403	木香	三年生	株	11.00

（2）栽植攀缘植物

木香：栽植攀缘植物，地径在5cm内。

由表得，

工程量为：8 株＝0.8（10株）　　　　　套用定额 3-188

（3）苗木养护——Ⅱ级养护

木香：攀缘植物类，地径在5cm以内。

工程量为：0.8（10株）　　　　　　　　套用定额 3-394

4.2　园路、园桥工程部分

1. 园路

定额说明：

① 园路包括垫层。面层、垫层缺项可按第一册楼地面工程相应项目定额执行，其综合人工乘系数1.10，块料面层中包括的砂浆结合层或铺筑用砂的数量不调整。

② 如用路面同样材料铺的路沿或路牙，其工料、机械台班费已包括在定额内，如用其他材料或预制块铺的，按相应项目定额另行计算。

工程量计算规则：

① 各种园路垫层按设计图示尺寸，两边各放宽5cm乘以厚度以立方米计算。

② 各种园路面层按设计图示尺寸，长×宽按平方米计算。

③ 路牙按设计图示尺寸以延长米计算。

1) 园路

(1) 混凝土园路

由清单工程量得混凝土园路的面积为 $S = 224.95\text{m}^2$

由现浇混凝土路剖面图图 2-3 得：

① 混凝土园路土基整理路床

工程量计算规则：各种园路垫层按设计图示尺寸，两边各放宽 5cm 乘以厚度按立方米计算，所以整理路床则应按设计图示尺寸两边各放宽 50mm 按平方米计算。

由现浇混凝土路平面图图 2-2、现浇混凝土路剖面图图 2-3 得：

整理混凝土路床的面积为：

$$S = \frac{57.177 + 65.3}{2} \times (4 + 0.05 \times 2)\text{m}^2 = 61.2385 \times 4.1\text{m}^2 = 251.08\text{m}^2 = 25.11$$

(10m^2)

【注释】　57.177m——现浇混凝土路的短边线长；

65.3m——现浇混凝土路的长边线长；

4m——现浇混凝土路的宽度；

0.05m——道路两边各增加的宽度。

套用定额 3-491

② 50mm 厚混凝土垫层

工程量计算规则：两边各放宽 5cm，以立方米计算。

如图 2-3 所示，50mm 厚混凝土垫层的工程量为：

$V = 251.08 \times 0.05\text{m}^3 = 12.55\text{m}^3$

【注释】　251.08m²——整理路床的面积；

0.05m——混凝土垫层的厚度。

套用定额 3-496

③ 180mm 厚灰土垫层

工程量计算规则：两边各放宽 5cm，以立方米计算。

如图 2-3 所示，180mm 厚灰土垫层的工程量为：

$V = $ 底面放宽 50mm 的面积 × 混凝土的深度 $= 251.08 \times 0.18\text{m}^3 = 45.19\text{m}^3$

【注释】　251.08m²——整理路床的面积；

0.18m——灰土垫层的厚度。

套用定额 3-494

④ 50mm 厚水泥砂浆

工程量计算规则：两边各放宽 5cm，以平方米计算。

如图 2-3 所示，50mm 厚水泥砂浆的工程量为：$S = 251.08\text{m}^2 = 25.11$（$10\text{m}^2$）

【注释】　251.08m²——整理路床的面积。

套用定额 1-846

⑤ 100mm 厚预制混凝土大块面层

工程量计算规则：按设计图示尺寸，长×宽按平方米计算。

由现浇混凝土路平面图图 2-2、现浇混凝土园路清单工程量得：

100mm 厚预制混凝土大块面层的工程量为：$S=224.95m^2=22.5$（$10m^2$）

【注释】 $224.95m^2$——现浇混凝土园路的清单工程量。

套用定额 3-502

（2）石板道路

由清单工程量得石板路的面积为 $203.23m^2$。

① 石板园路土基整理路床

工程量计算规则：各种园路垫层按设计图示尺寸，两边各放宽 5cm 乘以厚度按立方米计算，所以整理路床则应按设计图示尺寸两边各放宽 50mm 按平方米计算。

由石板园路平面图图 2-4、石板园路剖面图图 2-5 得：

整理石板路床的面积为：$S=S_{园路1}+S_{园路2}+S_{园路3}$

$$S_{园路1}=\frac{23.473+35.449}{2}\times(2.5+0.05\times2)m^2=29.461\times2.6m^2=76.5986m^2$$

【注释】 23.473m——石板路一的短边长；

35.449m——石板路一的长边长；

2.5m——石板路一的路宽；

0.05m——道路两边各增加的宽度。

$$S_{园路2}=\frac{20.681+25.449}{2}\times(4+0.05\times2)m^2=46.13\times4.1m^2=189.133m^2$$

【注释】 20.681m——石板路二的短边长；

25.449m——石板路二的长边长；

4m——石板路二的宽度；

0.05m——道路两边各增加的宽度。

$S_{园路3}=$道路中线长 $L\times$道路拓宽后宽度

$=18.696\times(2+0.05\times2)m^2$

$=18.696\times2.1m^2$

$=39.2616m^2$

【注释】 18.696m——园路三的中线长；

2m——园路三的宽度；

0.05m——道路两边各增加的宽度。

$S=(76.5986+189.133+39.2616)m^2=304.99m^2=30.50$（$10m^2$）

套用定额 3-491

② 150mm 厚 3∶7 灰土垫层

工程量计算规则：两边各放宽 5cm，以立方米计算。

由石板园路平面图图 2-4、石板园路剖面图图 2-5 得：

150mm 厚 3：7 灰土垫层的工程量为：

$V=$ 道路底面放宽面积×3：7 灰土垫层的厚度 $=304.99×0.15m^3=45.75m^3$

【注释】 $304.99m^2$——整理石板路路床面积；

0.15m——3：7 灰土垫层的厚度。

套用定额 3-493

③ 100mm 厚碎石垫层

工程量计算规则：两边各放宽 5cm，以立方米计算。

由石板园路平面图图 2-4、石板园路剖面图图 2-5 得：

100mm 厚碎石垫层的工程量为：

$V=$ 道路底面放宽面积×100mm 厚碎石垫层的厚度 $=304.99×0.1m^3=30.50m^3$

【注释】 $304.99m^2$——整理石板路路床面积；

0.1m——碎石垫层的厚度。

套用定额 3-495

④ C15 混凝土垫层

工程量计算规则：两边各放宽 5cm，以立方米计算。

由石板园路平面图图 2-4、石板园路剖面图图 2-5 得：

100mm 厚 C15 混凝土垫层的工程量为：

$V=$ 道路底面放宽面积 $×$ 100mm 厚 C15 混凝土垫层的厚度 $=304.99×$ $0.1m^3=30.50m^3$

【注释】 $304.99m^2$——整理石板路路床面积；

0.1m——C15 混凝土垫层的厚度。

套用定额 3-496

⑤ 30mm 厚水泥砂浆

工程量计算规则：各种园路垫层按设计图示尺寸，两边各放宽 5cm 乘以厚度按立方米计算，所以 30mm 厚水泥砂浆则应按设计图示尺寸两边各放宽 50mm 按平方米计算。

由石板园路平面图图 2-4、石板园路剖面图图 2-5 得：

30mm 厚水泥砂浆的工程量为：$S=$ 整理石板路路床面积 $=304.99m^2=30.50$（$10m^2$）

套用定额 1-756 及 1-757

⑥ 40mm 厚花岗岩石板

工程量计算规则：各种园路面层按设计图示尺寸，长×宽按平方米计算。

由石板园路平面图图 2-4、石板园路剖面图图 2-5 得：

$S=$ 整理石板路路面的面积 $=203.23m^2=20.32$（$10m^2$）

套用定额 3-519

2）广场一

① 广场一土基整理路床

工程量计算规则：按设计图示尺寸，长×宽按平方米计算。

由广场一平面图图 2-6、广场一剖面图图 2-10 得：

广场一土基整理路床的工程量为：$S=258.73m^2=25.87$（$10m^2$）

【注释】 $258.73m^2$——清单工程量中广场一的工程量。

套用定额 3-491

② 250mm 厚灰土垫层

工程量计算规则：按图示尺寸以立方米计算。

由广场一平面图图 2-6、广场一剖面图图 2-10 得：

250mm 厚 3：7 灰土垫层的工程量为：$V=S×H=258.73×0.25m^3=64.68m^3$

【注释】 $258.73m^2$——整理路床的面积；

$\qquad$ 0.25m——3：7 灰土垫层的厚度。

套用定额 3-493

③ 50mm 厚砂垫层

工程量计算规则：按图示尺寸以立方米计算。

由广场一平面图图 2-6、广场一剖面图图 2-10 得：

50mm 厚砂垫层的工程量为：

$V=S×H=258.73×0.05m^3=12.94m^3$

【注释】 $258.73m^2$——整理路床的面积；

$\qquad$ 0.05m——砂垫层的厚度。

套用定额 3-492

④ 50mm 厚预制混凝土假冰片面层

工程量计算规则：按设计图示尺寸，长×宽按平方米计算。

由广场一平面图图 2-6、广场一剖面图图 2-10 得：

100mm 厚预制混凝土假冰片面层的工程量为：

$S=258.73m^2=25.87$（$10m^2$）

【注释】 $258.73m^2$——整理路床的面积。

套用定额 3-503

3）广场二

① 广场二土基整理路床

工程量计算规则：按设计图示尺寸，长×宽按平方米计算。

由广场二平面图图 2-7、广场二、四剖面图图 2-11 得：

广场二土基整理路床的工程量为：$S=242.36m^2=24.24$（$10m^2$）

【注释】 $242.36m^2$——清单工程量中广场二的工程量。

套用定额 3-491

② 250mm 厚灰土垫层

工程量计算规则：按设计图示尺寸以立方米计算。

由广场二剖面图图 2-11 得：

250mm 厚 3∶7 灰土垫层的工程量为：$V=242.36\times0.25m^3=60.59m^3$

【注释】　242.36m^2——清单工程量中广场二的工程量；

　　　　　0.25m——灰土垫层的厚度。

套用定额 3-493

③ 50mm 厚砂垫层

工程量计算规则：按设计图示尺寸以立方米计算。

由广场二、四剖面图图 2-11 得：

50mm 厚砂垫层的工程量为：$V=242.36\times0.05m^3=12.12m^3$

【注释】　242.36m^2——清单工程量中广场二的工程量；

　　　　　0.05m——砂垫层厚度。

套用定额 3-492

④ 100mm 厚高强度透水型混凝土路面砖

工程量计算规则：按设计图示尺寸，长×宽按平方米计算。

由清单工程量计算表表 3-1 得：

100mm 厚广场砖的工程量为：

$S=242.36m^2=24.24$（10m^2）

【注释】　242.36m^2——清单工程量中广场二的工程量。

套用定额 3-503

4）广场三

① 广场三土基整理路床

工程量计算规则：按设计图示尺寸，长×宽按平方米计算。

由广场三的剖面图 2-12、广场三的平面图 2-8 得：

广场三土基整理路床的工程量为：$S=170.35m^2=17.04$（10m^2）

【注释】　170.35m^2——清单工程量中广场三的工程量。

套用定额 3-491

② 250mm 厚 3∶7 灰土垫层

工程量计算规则：按设计图示尺寸以立方米计算。

由广场三平面图图 2-8、广场三剖面图图 2-12 得：

250mm 厚 3∶7 灰土垫层的工程量为：$V=S\times H=170.35\times0.25m^3=42.59m^3$

【注释】　170.35m^2——清单工程量中广场三的工程量；

　　　　　0.25m——3∶7 灰土垫层的厚度。

套用定额 3-493

③ 50mm 厚砂垫层

工程量计算规则：按设计图示尺寸以立方米计算。

由广场三平面图图 2-8、广场三剖面图图 2-12 得：

50mm 厚砂垫层的工程量为：$V=S\times H=170.35\times0.05m^3=8.52m^3$

【注释】 170.35m^2——清单工程量中广场三的工程量；

0.05m——50mm 厚砂垫层的厚度。

套用定额 3-492

④ 100mm 厚广场砖

工程量计算规则：按设计图示尺寸，长×宽按平方米计算。

由清单工程量计算表表 3-1 得：

100mm 厚广场砖的工程量为：$S=170.35m^2=17.04$（$10m^2$）

【注释】 170.35m^2——清单工程量中广场三的工程量。

套用定额 3-517

5）广场四

① 广场四土基整理路床

工程量计算规则：按设计图示尺寸，长×宽按平方米计算。

由广场四平面图图 2-9、广场二、四剖面图图 2-11 得：

广场四土基整理路床的工程量为：$S=98.73m^2=9.87$（$10m^2$）

【注释】 98.73m^2——清单工程量中广场四的工程量。

套用定额 3-491

② 250mm 厚灰土垫层

工程量计算规则：按设计图示尺寸以立方米计算。

由广场四平面图图 2-9、广场二、四剖面图图 2-11 得：

250mm 厚 3∶7 灰土垫层的工程量为：$V=98.73×0.25m^3=24.68m^3$

【注释】 98.73m^2——清单工程量中广场四的工程量；

0.25m——3∶7 灰土垫层的厚度。

套用定额 3-493

③ 50mm 厚砂垫层

工程量计算规则：按设计图示尺寸以立方米计算。

由广场四平面图图 2-9、广场二、四剖面图图 2-11 得：

50mm 厚砂垫层的工程量为：$V=98.73×0.05m^3=4.94m^3$

【注释】 98.73m^2——清单工程量中广场四的工程量；

0.05m——砂垫层厚度。

套用定额 3-492

④ 100mm 厚高强度透水型混凝土路面砖

工程量计算规则：按设计图示尺寸，长×宽按平方米计算。

由清单工程量计算表 3-1 得：

100mm 厚广场砖的工程量为：$S=98.73m^2=9.87$（$10m^2$）

【注释】 98.73m^2——清单工程量中广场四的工程量。

套用定额 3-503

2. 路牙铺设

工程量计算规则：路牙铺设按设计图示尺寸以延长米计算。

由清单工程量计算表 3-1 得：

路牙的工程量为：$L=151.47\text{m}=15.15$（10m）

【注释】 151.47m——根据清单工程量计算出的路牙工程量。

套用定额 3-525

4.3 园林景观工程部分

1. 花廊

1）挖基础（人工挖地坑）

二类干土，深度为 0.44m，根据工程量计算规则，无须放坡，基础材料为混凝土基础支模板，各边各增加工作面宽度，基础边至地槽（坑）边 300mm。

由花廊柱基础平面图图 2-17、花廊柱基础剖面图图 2-16 得：

挖柱基的工程量为：$V=$ 地面放宽面积 $S\times$ 基础深度 $H\times$ 柱基础个数 N

$S=(0.85+0.3\times2)\times(0.85+0.3\times2)\text{m}^2=2.1025\text{m}^2$

【注释】 0.85m——柱基础垫层的边长；

0.3m——每边各放宽宽度；

2——有两个边。

$H=(0.3+0.1+0.05+0.03)\text{m}=0.48\text{m}$

【注释】 0.3m——柱子埋于地下的深度；

0.1m——基础放大部分的厚度；

0.05m——碎石的厚度；

0.03m——3：7灰土的厚度。

$N=16$

$V=2.1025\times0.48\times16\text{m}^3=16.15\text{m}^3$

套用定额 1-50

2）原土打底夯

工程量计算规则：按设计图示尺寸以平方米计算。

由花廊柱基础平面图图 2-17、花廊柱基础剖面图图 2-16 得：

原土打底夯的工程量为：

$S=(0.85+0.3\times2)\times(0.85+0.3\times2)\text{m}^2=2.1025\text{m}^2=0.21(10\text{m}^2)$

【注释】 0.85m——柱基础垫层的边长；

0.3m——每边各放宽宽度；

2——有两个边。

套用定额 1-123

3）基础垫层（3∶7灰土）

工程量计算规则：按设计图示尺寸以立方米计算。

由花廊柱基础平面图图 2-17、花廊柱基础剖面图图 2-16 得：

30mm 厚 3∶7灰土垫层的工程量为：$V=0.85\times0.85\times0.03\times16m^3=0.35m^3$

【注释】　0.85m——柱基础垫层的边长；

0.03m——3∶7灰土的厚度；

16——花廊柱的根数。

套用定额 1-162

4）混凝土垫层（自拌 C15 混凝土垫层）

工程量计算规则：按设计图示尺寸以立方米计算。

由花廊柱基础平面图图 2-17、花廊柱基础剖面图图 2-16 得：

现浇混凝土工程量为：$V=0.85\times0.85\times0.05\times16m^3=0.58m^3$

【注释】　0.85m——柱基础垫层的边长；

0.05m——混凝土的厚度；

16——花廊柱的根数。

套用定额 1-170

5）独立混凝土柱基础（自拌）

工程量计算规则：按设计图示尺寸实体体积以立方米算至基础扩大顶面。

由花廊柱基础平面图图 2-17、花廊柱基础剖面图图 2-16 得：

独立混凝土柱基础的工程量为：

$$V=(0.85-0.05)\times(0.85-0.05)\times0.1\times16m^3$$
$$=0.8\times0.8\times0.1\times16m^3$$
$$=1.02m^3$$

【注释】　0.85m——柱基础垫层的边长；

0.05m——独立基础短于基础垫层的宽度；

0.1m——独立基础的厚度；

16——花廊柱的根数。

套用定额 1-275

6）回填土

工程量计算规则：基槽、坑回填土体积=挖土体积-设计室外地坪以下埋设的体积（包括基础垫层、柱、墙基础及柱等）。

由花廊柱基础平面图图 2-17、花廊柱基础剖面图图 2-16 得：

柱基础回填土的工程量为：

$$V=V_{基坑挖土体积}-V_{3∶7灰土垫层}-V_{混凝土}-V_{独立基础}-V_{柱埋于地下}$$
$$=(16.15-0.35-0.58-1.02-3.14\times0.225^2\times16)m^3$$
$$=(16.15-0.35-0.58-1.02-2.5434)m^3$$
$$=11.66m^3$$

套用定额 1-127

7) 预制混凝土花廊柱

① 柱（圆形柱）

工程量计算规则：按设计图示尺寸实体体积以立方米计算。

由花廊侧立面图图 2-15 得：

花廊柱的工程量为：

$$V = (V_{花廊柱身} + V_{花廊柱顶}) \times N_{花廊柱}$$

$$= \left[3.14 \times \left(\frac{0.45}{2}\right)^2 \times (2.85 + 0.15 + 0.3) + 3.14 \times \left(\frac{0.5}{2}\right)^2 \times 0.08\right] \times 16 \text{m}^3$$

$$= 8.64 \text{m}^3$$

【注释】　3.14——圆周率；

　　　　　0.45m——花廊柱的直径；

　　　　　2.85m——花廊柱身的高度；

　　　　　0.15m——花廊底部平台的高度；

　　　　　0.3m——花廊柱埋入地面以下的厚度；

　　　　　0.5m——花廊柱顶的直径；

　　　　　0.08m——花廊柱顶的厚度；

　　　　　16——花廊柱的根数。

套用定额 1-429

② 花廊柱抹水泥砂浆

工程量计算规则：按结构展开面积计算，柱与梁或梁接头的面积不予扣除。

由花廊侧立面图图 2-15 得：

花廊柱抹水泥砂浆的工程量为：

$$S = (S_{花廊柱身} + S_{花廊柱顶}) \times N_{花廊柱}$$

$$= \left[3.14 \times 0.45 \times 2.85 + 3.14 \times 0.5 \times 0.08 + 3.14 \times \left(\frac{0.5}{2}\right)^2\right] \times 16 \text{m}^2$$

$$= (4.02705 + 0.32185) \times 16 \text{m}^2$$

$$= 4.3489 \times 16 \text{m}^2$$

$$= 69.58 \text{m}^2 = 6.96(10 \text{m}^2)$$

套用定额 1-850

8) 花廊梁（矩形）

工程量计算规则：按设计图示断面尺寸乘梁长以立方米计算。

由花廊顶平面图图 2-13、花廊侧立面图图 2-15 得：

花廊梁的工程量为：$V = S_{梁的截面} \times H_{梁长度}$

$$= 0.25 \times 0.3 \times (29.199 + 32.474) \text{m}^3$$

$$= 4.63 \text{m}^3$$

【注释】　0.25m——花廊梁的截面宽度；

$$0.3m——花廊梁截面的高度；$$

$$29.199m——内侧花廊梁的长度；$$

$$32.474m——外侧花廊梁的长度。$$

套用定额 1-432

9）花廊檩

工程量计算规则：按几何体尺寸以立方米计算。

由花廊顶平面图图 2-13、花廊侧立面图图 2-15 得：

$$V=S_{花廊檩截面}\times L_{花廊檩的长度}\times N=0.25\times0.2\times4\times33m^3=6.6m^3$$

【注释】　0.25m——花廊檩的截面高；

　　　　　0.2m——花廊檩的截面宽；

　　　　　4m——花廊檩的长；

　　　　　33——花廊檩的根数。

套用定额 1-356

10）花廊平台

① 原土打底夯（地面）

工程量计算规则：按设计图示尺寸以平方米计算。

由花廊底平面图图 2-14 得：

原土打底夯的工程量为：

$$S=\left[\frac{(26.667+30.736)}{2}\times3.991-3.14\times\left(\frac{0.45}{2}\right)^2\times16\right]m^2$$

$$=(114.5476865-2.5434)m^2$$

$$=112.00m^2=11.20(10m^2)$$

【注释】　26.667m——花廊平台的内弧长；

　　　　　30.736m——花廊平台的外弧长；

　　　　　3.991m——花廊的平台宽；

　　　　　3.14——圆周率；

　　　　　0.45m——花廊柱的直径；

　　　　　16——花廊柱的根数。

套用定额 1-122

② 100mm 厚素混凝土

工程量计算规则：按设计图示尺寸以立方米计算。

由花廊底平面图图 2-14、花廊柱基础剖面图图 2-16 得：

100mm 厚素混凝土的工程量为：$V=S\times H=112.00\times0.1m^3=11.20m^3$

【注释】　112.00m²——原土打底夯的面积；

　　　　　0.1m——素混凝土的厚度。

套用定额 1-170

③ 水泥砂浆找平

工程量计算规则：按净空面积以平方米计算。

由花廊底平面图图 2-14、花廊柱基础剖面图图 2-16 得：

水泥砂浆找平层的工程量为：$S=112.00\text{m}^2=11.20(10\text{m}^2)$

【注释】　112.00m^2——原土打底夯的面积。

套用定额 1-756

④ 30mm 厚大理石（楼地面）

工程量计算规则：按图示尺寸实铺面积以平方米计算。

30mm 厚大理石的工程量为：$S=112.00\text{m}^2=11.20(10\text{m}^2)$

【注释】　112.00——清单工程量所得。

套用定额 1-771

2. 花坛一

工程量计算规则：按几何尺寸以立方米计算。

由花坛一平面图图 2-18、花坛一立面图图 2-21 得：

花坛一的工程量为：$V=3.26\text{m}^3$

【注释】　3.26m^3——清单工程量中花坛一的工程量。

套用定额 2-391

3. 花坛二

1）基础

① 挖基础（人工挖地槽、地沟）

二类干土，深度为 0.55m，据工程量计算规则，无须放坡，基础材料为砖，各边各增加工作面宽度，底下一层大放脚边至地槽（坑）边 200mm。

由花坛二平面图图 2-19、花坛二剖面图图 2-22 得：

花坛二挖基础土方工程量为：

$V=L_{花坛二周长}\times S_{花坛二基础截面加宽后的面积}$

$L_{花坛二周长}=[(6.5-0.25)\times2+(2.2-0.25)\times2]\text{m}=(12.5+3.9)\text{m}=16.4\text{m}$

【注释】　6.5m——花坛二的长；

　　　　　0.25m——花坛二的壁宽；

　　　　　　　2——两个边；

　　　　　2.2m——花坛二的宽。

$S_{花坛二基础截面加宽后的面积}=(0.44+0.2\times2)\times(0.1+0.36)\text{m}^2=0.3864\text{m}^2$

【注释】　0.44m——花坛二基础截面宽；

　　　　　0.2m——花坛两边各放宽的宽度；

　　　　　　2——加宽的边数；

　　　　　0.1m——混凝土垫层厚度；

　　　　　0.36m——花坛二壁埋入地面以下的深度。

$V=L\times S=16.4\times0.3864\text{m}^3=6.34\text{m}^3$

套用定额 1-18

② 原土打底夯

工程量计算规则：按设计图示尺寸以平方米计算。

由花坛二平面图图 2-19、花坛二剖面图图 2-22 得：

花坛二打底夯的工程量为：

$S = L_{花坛二的周长} \times L_{花坛二挖基础的宽度}$

$= [(6.5-0.25) \times 2 + (2.2-0.25) \times 2] \times (0.44+0.2 \times 2) m^2$

$= 16.4 \times 0.84 m^2$

$= 13.78 m^2 = 1.38 (10 m^2)$

【注释】　6.5m——花坛二的长；

　　　　　0.25m——花坛二的壁宽；

　　　　　　　2——两个边；

　　　　　2.2m——花坛二的宽；

　　　　　0.44m——花坛二基础截面宽；

　　　　　0.2m——花坛两边各放宽的宽度。

套用定额 1-123

③ 100mm 厚混凝土垫层

工程量计算规则：按设计图示尺寸以立方米计算。

由花坛二平面图图 2-19、花坛二剖面图图 2-22 得：

100mm 厚混凝土垫层工程量为：

$V = L_{花坛二的周长} \times S_{混凝土垫层的截面面积}$

$= [(6.5-0.25) \times 2 + (2.2-0.25) \times 2] \times (0.44 \times 0.1) m^3$

$= 16.4 \times 0.044 m^3$

$= 0.72 m^3$

【注释】　6.5m——花坛二的长；

　　　　　0.25m——花坛二的壁宽；

　　　　　　　2——两个边；

　　　　　2.2m——花坛二的宽；

　　　　　0.44m——花坛二基础截面宽；

　　　　　0.1m——混凝土垫层厚度。

套用定额 1-170

④ 砖基础（标准砖）

基础与墙身使用同一种材料的，以设计室内地坪为界，以下为基础，以上为墙身。

由花坛二平面图图 2-19、花坛二剖面图图 2-22 得：

花坛二的砖基础工程量为：

$V = L_{花坛二的周长} \times S_{砖基础的截面面积}$

$= [(6.5-0.25) \times 2 + (2.2-0.25) \times 2] \times (0.24 \times 0.36) m^3$

$$= 16.4 \times 0.0864 m^3$$
$$= 1.42 m^3$$

【注释】 6.5m——花坛二的长；

　　0.25m——花坛二的壁宽；

　　2——两个边；

　　2.2m——花坛二的宽；

　　0.24m——花坛二砖基础的截面宽；

　　0.36m——花坛二砖基础的截面高。

套用定额1-189

⑤ 回填土

工程量计算规则：基槽、坑回填土体积＝挖土体积-设计室外地坪以下埋设的体积（包括基础垫层、柱、墙基础及柱等）。

由花坛二平面图图2-19、花坛二剖面图图2-22得：

回填土的工程量为：$V = V_{挖土} - V_{混凝土} - V_{砖基础}$
$$= (6.34 - 0.72 - 1.42) m^3$$
$$= 4.2 m^3$$

【注释】 6.34m³——花坛二基础挖土方的工程量；

　　0.72m³——花坛二混凝土基础垫层的工程量；

　　1.42m³——花坛二砖基础的工程量。

套用定额1-127

2）花坛二壁

① 小型砌体（标准砖）

工程量计算规则：按设计图示尺寸以立方米计算。

由花坛二平面图图2-19、花坛二剖面图图2-22得：

花坛二的砖砌壁的工程量为：

$V = L_{花坛二的周长} \times S_{花坛二砖砌壁的截面面积}$
$$= [(6.5 - 0.25) \times 2 + (2.2 - 0.25) \times 2] \times (0.25 \times 0.3) m^3$$
$$= 16.4 \times 0.075 m^3$$
$$= 1.23 m^3$$

【注释】 6.5m——花坛二的长；

　　0.25m——花坛二的壁宽；

　　2——两个边；

　　0.3m——花坛二地面以上的砖砌壁的高度。

套用定额1-238

② 瓷砖贴面

工程量计算规则：按设计图示尺寸实铺面积以平方米计算。

由花坛二平面图图2-19、花坛二剖面图图2-22得：

瓷砖贴面的工程量为：$S = S_{花坛二壁顶面积} + S_{花坛二壁外侧壁面积}$

$S_{花坛二壁顶面积} = L_{花坛二的周长} \times L_{花坛二的壁宽}$

$$= [(6.5-0.25) \times 2 + (2.2-0.25) \times 2] \times 0.25m^2$$

$$= 16.4 \times 0.25m^2$$

$$= 4.1m^2$$

$S_{花坛二壁外侧壁面积} = L_{花坛二的外周长} \times H_{花坛二地面以上的高}$

$L_{花坛二的外周长} = (6.5 \times 2 + 2.2 \times 2)m = 17.4m$

【注释】　6.5m——花坛二的长；

　　　　　2.2m——花坛二的宽。

$H = 0.3m$

$S_{花坛二壁外侧壁面积} = 17.4 \times 0.3m^2 = 5.22m^2$

$S = (4.1 + 5.22)m^2 = 9.32m^2 = 0.93(10m^2)$

套用定额 1-907

4. 花坛三

1）基础

① 挖基础（人工挖地槽、地沟）

二类干土，深度为 0.55m，据工程量计算规则，无须放坡，基础材料为浆砌毛石，各边各增加工作面宽度，基础边至地槽（坑）边 150mm。

由花坛三平面图图 2-20、花坛三局部剖面图图 2-23 得：

花坛三挖基础土方工程量为：

$V = L_{花坛三的周长} \times S_{花坛三基础截面加宽后的面积}$

$L_{花坛三的周长} = [(1-0.25) \times 2 + (4.3-0.25) + (3.3-0.25) + (4.2-0.25) + (3.2-$

$$0.25)]m$$

$$= (1.5 + 4.05 + 3.05 + 3.95 + 2.95)m$$

$$= 15.5m$$

【注释】　0.25m——花坛三壁的宽度。

$S_{花坛三基础截面加宽后的面积} = (0.25 + 0.15 \times 2) \times 0.36m^2 = 0.198m^2$

【注释】　0.25m——花坛三壁的宽度；

　　　　　0.15m——花坛三挖基础两边各增加的宽度；

　　　　　　2——花坛三基础的两边；

　　　　　0.36m——花坛三基础的深度。

$V = 15.5 \times 0.198m^3 = 3.07m^3$

套用定额 1-18

② 原土打底夯

工程量计算规则：按设计图示尺寸以平方米计算。

由花坛三平面图图 2-20、花坛三局部剖面图图 2-23 得：

花坛三原土打底夯的工程量为：

$S = L_{花坛三的周长} \times L_{花坛三挖基础的宽度}$

$= [(1-0.25) \times 2 + (4.3-0.25) + (3.3-0.25) + (4.2-0.25) + (3.2-0.25)]$

$\times (0.25+0.15 \times 2) m^2$

$= 15.5 \times 0.55 m^2$

$= 8.53 m^2 = 0.85(10 m^2)$

【注释】　　0.25m——花坛三壁的宽度；

0.15m——花坛三挖基础两边各增加的宽度；

2——花坛三基础的两边。

套用定额 1-123

③ 130mm 厚混凝土垫层

工程量计算规则：按设计图示尺寸以立方米计算。

由花坛三平面图图 2-20、花坛三局部剖面图图 2-23 得：

130mm 厚混凝土垫层的工程量为：

$V = L_{花坛三的周长} \times S_{混凝土垫层的截面面积}$

$= [(1-0.25) \times 2 + (4.3-0.25) + (3.3-0.25) + (4.2-0.25) + (3.2-0.25)]$

$\times (0.25 \times 0.13) m^3$

$= 15.5 \times 0.0325 m^3$

$= 0.50 m^3$

【注释】　　0.25m——花坛三壁的宽度；

0.13m——混凝土垫层的厚度。

套用定额 1-170

④ 毛石基础

砖石围墙以设计室外地坪为分界，以下为基础，以上为墙身。

由花坛三平面图图 2-20、花坛三局部剖面图图 2-23 得：

毛石基础的工程量为：

$V = L_{花坛三的周长} \times S_{毛石基础的截面面积}$

$= [(1-0.25) \times 2 + (4.3-0.25) + (3.3-0.25) + (4.2-0.25) + (3.2-0.25)]$

$\times (0.25 \times 0.23) m^3$

$= 15.5 \times 0.0575 m^3$

$= 0.89 m^3$

【注释】　　0.25m——花坛三的壁宽；

0.23m——毛石基础的深度。

套用定额 1-250

⑤ 回填土

工程量计算规则：基槽、坑回填土体积＝挖土体积-设计室外地坪以下埋设的体积（包括基础垫层、柱、墙基础及柱等）。

由花坛三平面图图 2-20、花坛三局部剖面图图 2-23 得：

花坛三回填土的工程量为：$V = V_{挖土} - V_{混凝土} - V_{毛石基础}$

$$= (3.07 - 0.50 - 0.89)m^3$$

$$= 2.31m^3$$

【注释】 $3.07m^3$——花坛三挖土的工程量；

            $0.50m^3$——混凝土的工程量；

            $0.89m^3$——毛石基础的工程量。

套用定额 1-127

2）花坛三毛石壁

① 毛石花坛壁（挡土墙）

工程量计算规则：按设计图示尺寸以立方米计算。

由花坛三平面图图 2-20、花坛三局部剖面图图 2-23 得：

花坛三毛石花坛壁的工程量为：

$V = L_{花坛三的周长} \times S_{花坛三壁的截面面积}$

$$= [(1-0.25) \times 2 + (4.3-0.25) + (3.3-0.25) + (4.2-0.25) + (3.2-0.25)]$$
$$\times (0.25 \times 0.38)m^3$$

$$= 15.5 \times 0.095m^3$$

$$= 1.47m^3$$

【注释】 $0.25m$——花坛三的壁宽；

            $0.38m$——花坛三地面以上的壁高。

套用定额 1-255

② 花岗石贴面

内、外墙面、柱梁面、零星项目镶贴块料面层均按块料面层的建筑尺寸面积计算。

由花坛三平面图图 2-20、花坛三局部剖面图图 2-23 得：

花岗石贴面的工程量为：

$S = L_{花坛三的周长} \times L_{花坛三壁的宽度}$

$$= [(1-0.25) \times 2 + (4.3-0.25) + (3.3-0.25) + (4.2-0.25) + (3.2-0.25)]$$
$$\times 0.25m^2$$

$$= 15.5 \times 0.25m^2$$

$$= 3.88m^2 = 0.39(10m^2)$$

【注释】 $0.25m$——花坛三的壁宽。

套用定额 1-901

5. 砖砌景墙

1）砖砌体

工程量计算规则：按设计图示体积以立方米计算。

本题中景墙有窗洞，且面积大于 $0.3m^2$，应扣除窗洞面积。

由景墙立面图图 2-25、景墙剖面图图 2-26 得：

景墙砖砌体的工程量为：$V=3.37\text{m}^3$

【注释】　3.37m^3——由清单工程量所得。

套用定额 1-238

2）水刷石面

工程量计算规则：按墙面的垂直投影面积计算。

由景墙立面图图 2-25、景墙剖面图图 2-26 得：

水刷石的工程量为：$S=S_{景墙}+S_{窗洞}+S_{墙底座}$

$S_{景墙}=[2\times2\times2+2\times0.3\times2+2\times0.3-(3.14\times0.375^2+3.14\times0.314^2+3.14\times$

$\qquad 0.177^2+3.14\times0.096^2)\times2]\text{m}^2$

$\qquad =(8+1.2+0.6-1.75693)\text{m}^2$

$\qquad =8.04307\text{m}^2$

【注释】　2m——景墙的长、高；

$\qquad$ 0.3m——景墙的总厚度；

$\qquad$ 3.14——圆周率；

$\qquad$ 0.375m——窗洞 1 的半径；

$\qquad$ 0.314m——窗洞 2 的半径；

$\qquad$ 0.177m——窗洞 3 的半径；

$\qquad$ 0.096m——窗洞 4 的半径；

$S_{窗洞}=(2\times3.14\times0.375+2\times3.14\times0.314+2\times3.14\times0.177+2\times3.14\times0.096)$

$\qquad \times0.3\text{m}^2$

$\qquad =6.04136\times0.3\text{m}^2$

$\qquad =1.812408\text{m}^2$

【注释】　3.14——圆周率；

$\qquad$ 0.375m——窗洞 1 的半径；

$\qquad$ 0.314m——窗洞 2 的半径；

$\qquad$ 0.177m——窗洞 3 的半径；

$\qquad$ 0.096m——窗洞 4 的半径；

$\qquad$ 0.3m——窗洞刷水刷石的深度。

$S_{墙底座}=(2.8\times0.3\times2+0.3\times0.5\times2+0.4\times0.5\times2+0.1\times2.8\times2)\text{m}^2$

$\qquad =2.94\text{m}^2$

【注释】　2.8m——墙底座的长；

$\qquad$ 0.3m——墙底座的高；

$\qquad$ 0.5m——墙底座的宽；

$\qquad$ 0.4m——墙底座左右比景墙多出的宽度；

$\qquad$ 0.1m——墙底座前后比景墙多出的宽度。

$S=(8.04307+1.812408+2.94)\text{m}^2=12.80\text{m}^2=1.28(10\text{m}^2)$

套用定额 1-872

6. 景观柱

1）柱基础

① 挖基础土方

二类干土，深度为1m，据工程量计算规则，无须放坡，基础为混凝土基础支模板，各边各增加工作面宽度，基础边至地槽（坑）边300mm。

由景观柱基础平面图图2-27、景观柱剖面图图2-28得：

挖基础土方的工程量为：

$$V = (1.25+0.3×2)×(1.25+0.3×2)×(0.55+0.3+0.1)×5m^3$$
$$= 1.85×1.85×0.95×5m^3$$
$$= 3.2514×5m^3$$
$$= 16.26m^3$$

【注释】　1.25m——景观柱基础底面的边长；

　　　　　0.3m——挖基础土方各边增加的宽度；

　　　　　0.55m——景观柱埋入底面以下的深度；

　　　　　0.3m——独立基础的厚度；

　　　　　0.1m——灰土垫层的厚度；

　　　　　5——景观柱的个数。

套用定额1-50

② 原土打底夯

工程量计算规则：按设计图示尺寸以平方米计算。

由景观柱基础平面图图2-27、景观柱剖面图图2-28得：

景观柱原土打底夯的工程量为：

$$S = (1.25+0.3×2)×(1.25+0.3×2)×5m^2 = 1.85×1.85×5m^2$$
$$= 3.4225×5m^2 = 17.11m^2$$
$$= 1.71(10m^2)$$

【注释】　1.25m——景观柱基础底面的边长；

　　　　　0.3m——挖基础土方各边增加的宽度；

　　　　　5——景观柱的个数。

套用定额1-123

③ 150mm厚3：7灰土垫层

工程量计算规则：按设计图示尺寸以立方米计算。

由景观柱基础平面图图2-27、景观柱剖面图图2-28得：

150mm厚3：7灰土垫层的工程量为：$V = 1.71m^3$

【注释】　$1.71m^3$——由清单工程量所得的3：7灰土垫层的工程量。

套用定额1-162

④ 混凝土独立基础

工程量计算规则：按设计图示尺寸以立方米计算。

由景观柱基础平面图图 2-27、景观柱剖面图图 2-28 得：

独立基础的工程量为：$V=1.65m^3$

【注释】　1.65m³——由清单工程量所得的独立基础的工程量。

套用定额 1-275

⑤ 回填土

工程量计算规则：基槽、坑回填土体积＝挖土体积－设计室外地坪以下埋设的体积（包括基础垫层、柱、墙基础及柱等）。

由景观柱基础平面图图 2-27、景观柱剖面图图 2-28 得：

回填土的工程量为：$V-V_{挖土}-V_{3:7灰土}-V_{独立基础}-V_{景观柱}$

$$=(16.26-1.71-1.65-3.14\times0.225^2\times0.55\times5)m^3$$
$$=(16.26-1.71-1.65-0.437147)m^3$$
$$=12.46m^3$$

【注释】　16.26m³——景观柱挖基础土方量；

　　　　　1.71m³——3：7 灰土垫层的工程量；

　　　　　1.65m³——混凝土独立基础的工程量；

　　　　　3.14——圆周率；

　　　　0.225m——景观柱的半径；

　　　　0.55m——景观柱埋入底面以下的深度；

　　　　　5——景观柱的个数。

套用定额 1-127

2）景观柱

① 混凝土景观柱（圆形柱）

工程量计算规则：按设计图示尺寸实体以立方米计算。

由景观柱基础平面图图 2-27、景观柱剖面图图 2-28 得：

景观柱的工程量为：$V=3.22m^3$

【注释】　3.22m³——由清单工程量所得的景观柱的工程量。

套用定额 1-282

② 柱面抹灰

工程量计算规则：按结构展开面积计算。

由景观柱立面图图 2-29、景观柱剖面图图 2-28 得：

柱面抹灰工程的工程量为：

$$S=(3.14\times0.45\times3.5+3.14\times0.225^2)\times5m^2$$
$$=(4.9455+0.158963)\times5m^2$$
$$=5.104463\times5m^2$$
$$=25.52m^2=2.55(10m^2)$$

【注释】　3.14——圆周率；

　　　　0.45m——景观柱的直径；

  3.5m——景观柱地面以上的高度；

  0.225m——景观柱的半径；

  5——景观柱的个数。

套用定额 1-850

3）钢筋工程

【注释】 $\phi 6$ 和 $\phi 4$ 为圆钢，其中 $\phi 6$ 为箍筋；保护层的厚度为 30mm；$\phi 12$ 为螺纹钢，90°弯起长度为 80mm；单位质量 $V_{\phi 4} = 0.099\text{kg/m}$，$V_{\phi 6} = 0.222\text{kg/m}$，$V_{\phi 12} = 0.888\text{kg/m}$。

① 景观柱 $\phi 12$ 螺纹钢

工程量计算规则：按设计展开长度（展开长度、保护层、搭接长度应符合规范规定）乘以单位理论质量以吨计算。

由景观柱基础平面图图 2-27、景观柱剖面图图 2-28 得：

景观柱 $\phi 12$ 螺纹钢的工程量为：$W_{\phi 12} = 0.058\text{t}$

【注释】 0.058t——由清单工程量所得的景观柱 $\phi 12$ 螺纹钢的工程量。

套用定额 1-479

② 景观柱 $\phi 6$ 箍筋

工程量计算规则：按设计展开长度（展开长度、保护层、搭接长度应符合规范规定）乘以单位理论质量以吨计算。

由景观柱基础平面图图 2-27、景观柱剖面图图 2-28 得：

景观柱 $\phi 6$ 箍筋的工程量为：

$W_{\phi 6} = 0.030\text{t}$

【注释】 0.030t——由清单工程量所得的景观柱 $\phi 6$ 箍筋的工程量。

套用定额 1-479

③ 景观柱 $\phi 4$ 圆筋

工程量计算规则：按设计展开长度（展开长度、保护层、搭接长度应符合规范规定）乘以单位理论质量以吨计算。

由景观柱基础平面图图 2-27、景观柱剖面图图 2-28 得：

景观柱 $\phi 4$ 圆筋的工程量为：

$W_{\phi 4} = 0.006\text{t}$

【注释】 0.006t——由清单工程量所得的景观柱 $\phi 4$ 圆筋的工程量。

套用定额 1-479

7. 圆锥亭

1）圆锥亭柱基础

① 挖基础（人工挖地坑）

二类干土，深度为 0.8m，据工程量计算规则，无须放坡，基础材料为混凝土基础支模板，各边各增加工作面宽度，基础边至地槽（坑）边 300mm。

由圆锥亭基础剖面图图 2-37 得：

圆锥亭挖土方的工程量为：

$$V = (1.4 + 0.3 \times 2) \times (1.4 + 0.3 \times 2) \times (0.5 + 0.2 + 0.1) \times 3 \text{m}^3$$

$$= 2 \times 2 \times 0.8 \times 3 \text{m}^3$$

$$= 9.6 \text{m}^3$$

【注释】　1.4m——圆锥亭柱基础的边长；

　　　　　0.3m——圆锥亭基础底边各拓宽的宽度；

　　　　　0.5m——圆锥亭柱埋入地面以下的深度；

　　　　　0.2m——圆锥亭柱独立基础的厚度；

　　　　　0.1m——圆锥亭柱基础碎石垫层的厚度；

　　　　　　3——圆锥亭的个数。

套用定额 1-50

② 原土打底夯

工程量计算规则：按设计图示尺寸以平方米计算。

由圆锥亭基础平面图图 2-31、圆锥亭基础剖面图图 2-32 得：

原土打底夯的工程量为：

$$S = (1.4 + 0.3 \times 2) \times (1.4 + 0.3 \times 2) \times 3 \text{m}^2 = 2 \times 2 \times 3 \text{m}^2 = 12 \text{m}^2 = 1.2 (10 \text{m}^2)$$

【注释】　1.4m——圆锥亭柱基础的边长；

　　　　　0.3m——圆锥亭基础底边各拓宽的宽度；

　　　　　　3——圆锥亭的个数。

套用定额 1-123

③ 100mm 厚砂石垫层

工程量计算规则：按设计图示尺寸以立方米计算。

由圆锥亭基础平面图图 2-31、圆锥亭基础剖面图图 2-32 得：

100mm 厚砂石垫层的工程量为：$V = 0.59 \text{m}^3$

【注释】　0.59m^3——由清单工程量所得的 100mm 厚砂石垫层的工程量。

套用定额 1-165

④ 钢筋混凝土独立基础

工程量计算规则：按设计图示尺寸以立方米计算。

由圆锥亭基础剖面图图 2-32 得：

钢筋混凝土独立基础的工程量为：$V = 1.18 \text{m}^3$

【注释】　1.18m^3——由清单工程量所得的钢筋混凝土独立基础的工程量。

套用定额 1-275

⑤ 回填土

工程量计算规则：基槽、坑回填土体积＝挖土体积－设计室外地坪以下埋设的体积（包括基础垫层、柱、墙基础及柱等）。

由圆锥亭基础平面图图 2-31、圆锥亭基础剖面图图 2-32 得：

回填土的工程量为：$V = V_{挖土} - V_{碎石} - V_{独立基础} - V_{圆锥亭柱}'$

$$=\left[9.6-0.59-1.18-3.14\times\left(\frac{0.4}{2}\right)^2\times0.5\times3\right]\mathrm{m}^3$$
$$=(9.6-0.59-1.18-0.1884)\mathrm{m}^3$$
$$=7.64\mathrm{m}^3$$

【注释】 $9.6\mathrm{m}^3$——圆锥亭柱基础挖土方的工程量；

　　　　$0.59\mathrm{m}^3$——圆锥亭柱基础碎石垫层的工程量；

　　　　$1.18\mathrm{m}^3$——圆锥亭柱独立基础的工程量；

　　　　3.14——圆周率；

　　　　$0.4\mathrm{m}$——圆锥亭柱的直径；

　　　　$0.5\mathrm{m}$——圆锥亭柱埋入地面以下的深度；

　　　　3——圆锥亭的个数。

套用定额 1-127

2）圆锥亭坐凳腿基础

① 挖基础（人工挖地坑）

二类干土，深度为 0.8m，据工程量计算规则，无须放坡，基础材料为混凝土基础支模板，各边各增加工作面宽度，基础边至地槽（坑）边 300mm。

由圆锥亭基础平面图图 2-31、圆锥亭基础剖面图图 2-32 得：

圆锥亭挖土方的工程量为：

$$V=(0.16+0.3\times2)\times(0.16+0.3\times2)\times(0.2+0.1)\times4\times3\mathrm{m}^3$$
$$=0.76\times0.76\times0.3\times4\times3\mathrm{m}^3$$
$$=2.08\mathrm{m}^3$$

【注释】 $0.16\mathrm{m}$——圆锥亭坐凳腿基础的边长；

　　　　$0.3\mathrm{m}$——圆锥亭坐凳腿基础各边拓宽的宽度；

　　　　$0.2\mathrm{m}$——圆锥亭坐凳腿埋入地面以下的深度；

　　　　$0.1\mathrm{m}$——圆锥亭坐凳腿基础碎石垫层的厚度；

　　　　4——每个圆锥亭的坐凳腿个数；

　　　　3——圆锥亭的个数。

套用定额 1-50

② 原土打底夯

工程量计算规则：按设计图示尺寸以平方米计算。

由圆锥亭基础平面图图 2-31、圆锥亭基础剖面图图 2-32 得：

原土打底夯的工程量为：$S=(0.16+0.3\times2)\times(0.16+0.3\times2)\times4\times3\mathrm{m}^2$
$$=0.76\times0.76\times4\times3\mathrm{m}^2$$
$$=6.93\mathrm{m}^2$$
$$=0.69(10\mathrm{m}^2)$$

【注释】 $0.16\mathrm{m}$——圆锥亭坐凳腿基础的边长；

　　　　$0.3\mathrm{m}$——圆锥亭坐凳腿基础各边拓宽的宽度；

　　　　　　4——每个圆锥亭的坐凳腿个数；

　　　　　　3——圆锥亭的个数。

套用定额 1-123

③ 砂石垫层

工程量计算规则：基础垫层按设计图示尺寸以立方米计算。

由圆锥亭基础平面图图 2-31、圆锥亭基础剖面图图 2-32 得：

砂石垫层的工程量为：$V=0.03\text{m}^3$

【注释】　0.03m^3——由清单工程量所得的砂石工程量。

套用定额 1-165

④ 回填土

工程量计算规则：基槽、坑回填土体积＝挖土体积－设计室外地坪以下埋设的体积（包括基础垫层、柱、墙基础及柱等）。

由圆锥亭基础平面图图 2-31、圆锥亭基础剖面图图 2-32 得：

回填土的工程量为：$V=V_{挖土}-V_{砂石}-V_{圆锥亭坐凳腿柱'}$

$$=\left[2.08-0.03-3.14\times\left(\frac{0.06}{2}\right)^2\times0.2\times4\times3\right]\text{m}^3$$

$$=(2.08-0.03-0.006782)\text{m}^3$$

$$=2.04\text{m}^3$$

【注释】　2.08m^3——圆锥亭坐凳腿基础挖土方的工程量；

　　　　　0.03m^3——圆锥亭坐凳腿基础碎石垫层的工程量；

　　　　　3.14——圆周率；

　　　　　0.06m——圆锥亭坐凳腿的直径；

　　　　　0.2m——圆锥亭坐凳腿埋入地面以下的深度；

　　　　　4——每个圆锥亭的坐凳腿个数；

　　　　　3——圆锥亭的个数。

套用定额 1-127

3）圆锥亭

① 圆锥亭柱

工程量计算规则：按设计图示尺寸实体体积以立方米计算。

由圆锥亭立面图图 2-33、圆锥亭基础剖面图图 2-32 得：

圆锥亭柱的工程量为：$V=V_{柱1}+V_{柱2}+V_{柱3}+V_{柱4}$

$$V_{柱1}=3.14\times\left(\frac{0.4}{2}\right)^2\times(0.35+0.4+0.5)\times3\text{m}^3$$

$$=3.14\times\left(\frac{0.4}{2}\right)^2\times1.25\times3\text{m}^3$$

$$=0.157\times3\text{m}^3=0.471\text{m}^3$$

【注释】　3.14——圆周率；

　　　　　0.4m——圆锥亭柱的底部直径；

（0.35＋0.4）m——圆锥亭柱地面以上的高度；

　　0.5m——圆锥亭柱地面以下的深度；

　　　3——圆锥亭的个数。

$$V_{柱2}=3.14\times\left(\frac{0.3}{2}\right)^2\times1.75\times3m^3=0.123638\times3m^3=0.370913m^3$$

【注释】　3.14——圆周率；

　　　0.3m——圆锥亭柱的中部直径；

　　　1.75m——圆锥亭中部柱的高度；

　　　　3——圆锥亭的个数。

$$V_{柱3}=\frac{3.14\times0.3}{3}\times\left[\left(\frac{0.5}{2}\right)^2+\left(\frac{0.35}{2}\right)^2+\frac{0.5}{2}\times\frac{0.35}{2}\right]\times3m^3$$

$$=\frac{3.14\times0.3}{3}\times0.2725\times3m^3$$

$$=0.256695m^3$$

【注释】　圆台的体积计算公式 $V=\frac{3.14\times H}{3}\times(R^2+r^2+Rr)$，其中 H 代表圆台

的高，R 代表大圆底边半径，r 代表小圆底边半径。

　　0.3m——圆台1的高；

　　0.5m——圆台1大圆的直径；

　　0.35m——圆台1小圆的直径；

　　　3——圆锥亭的个数。

$$V_{柱4}=\frac{3.14\times0.08}{3}\times\left[\left(\frac{2.4}{2}\right)^2+\left(\frac{0.5}{2}\right)^2+\frac{2.4}{2}\times\frac{0.5}{2}\right]\times3m^3$$

$$=\frac{3.14\times0.08}{3}\times1.8025\times3m^3$$

$$=0.452788m^3$$

【注释】　圆台的体积计算公式 $V=\frac{3.14\times H}{2}\times(R^2+r^2+Rr)$，其中 H 代表圆台

的高，R 代表大圆底边半径，r 代表小圆底边半径。

　　0.08m——圆台2的高；

　　2.4m——圆台2大圆的直径；

　　0.5m——圆台2小圆的直径；

　　　3——圆锥亭的个数。

$$V=(0.471+0.370913+0.256695+0.452788)m^3=1.55m^3$$

套用定额 1-282

② 圆锥亭顶

工程量计算规则：按设计图示尺寸实体体积以立方米计算。

由圆锥亭立面图图 2-33、圆锥亭基础剖面图图 2-32 得：

圆锥亭柱的工程量为：$V=\frac{1}{3}\times3.14\times\left(\frac{4}{2}\right)^2\times0.5\times3m^3$

$$=2.09333\times3m^3$$
$$=6.28m^3$$

【注释】　圆锥的体积计算公式 $V=\dfrac{1}{3}\times3.14r^2h$，其中 r 为圆锥的底面圆半径，h

为圆锥体的高度。

　　　3.14——圆周率；

　　　4m——圆锥亭顶的底面圆直径；

　　0.5m——圆锥亭的高；

　　　3——圆锥亭的个数。

套用定额 1-356

③ 圆锥亭坐凳腿

工程量计算规则：按设计图示尺寸实体体积以立方米计算。

由圆锥亭立面图图 2-33、圆锥亭基础剖面图图 2-32 得：

圆锥亭坐凳腿的工程量为：

$$V=3.14\times\left(\dfrac{0.06}{2}\right)^2\times(0.35+0.2)\times3m^3=0.001554\times3m^3=0.005m^3$$

【注释】　3.14——圆周率；

　　0.06m——圆锥亭坐凳腿的直径；

　　0.35m——圆锥亭坐凳腿地面以上的高度；

　　0.2m——圆锥亭坐凳腿埋入地面以下的深度；

　　　3——圆锥亭的个数。

套用定额 1-282

④ 圆锥亭坐凳面

工程量计算规则：按设计图示尺寸实体体积以立方米计算。

圆锥亭的工程量为：$V=V_1-V_2$

$$=\left[3.14\times\left(\dfrac{0.75}{2}\right)^2\times0.05\times3-3.14\times\left(\dfrac{0.2}{2}\right)^2\times0.05\times3\right]m^3$$
$$=(0.066234-0.00471)m^3$$
$$=0.06m^3$$

【注释】　3.14——圆周率；

　　0.75m——圆锥亭坐凳的外圆直径；

　　0.05m——圆锥亭坐凳的厚度；

　　　3——圆锥亭的个数；

　　0.2m——圆锥亭底部柱的圆直径。

套用定额 1-356

4）圆锥亭表面装饰抹灰

① 圆锥亭柱表面装饰抹灰

工程量计算规则：按结构展开面积计算。

由圆锥亭立面图图 2-33、圆台体示意图图 2-35 得：

圆锥亭柱面装饰抹灰的工程量为：

$$S＝S_1＋S_2＋S_3＋S_4$$

【注释】　S_1——圆锥亭柱下部柱的表面积；

　　　　　S_2——圆锥亭柱中部柱的表面积；

　　　　　S_3——圆台 1 的表面积；

　　　　　S_4——圆台 2 的表面积。

$$S_1＝\left[3.14×0.4×(0.35＋0.4)＋3.14×\left(\frac{0.4}{2}\right)^2－3.14×\left(\frac{0.3}{2}\right)^2\right]m^2$$

$$＝(0.942＋0.05495)m^2$$

$$＝0.99695m^2$$

$$S_2＝3.14×0.3×1.75m^2＝1.6485m^2$$

$$S_3＝S_{侧}＝\pi l(R＋r)＝\frac{\pi}{2}l(D＋d)$$

【注释】　$S_{侧}$——圆台体的侧外表面积；

　　　　　π——圆周率；

　　　　　D——圆台体下底直径；

　　　　　d——圆台体上底直径；

　　　　　l——母线长；

　　　　　R——圆台体下底半径；

　　　　　r——圆台体上底半径。

$$S_3＝\frac{3.14}{2}×0.309×(0.5＋0.35)×3m^2＝0.412361×3m^2＝1.237m^2$$

【注释】　3.14——圆周率；

　　　　0.309m——圆台 1 的母线长；

　　　　0.5m——圆台 1 的下底直径；

　　　　0.35m——圆台 1 的上底直径；

　　　　3——圆锥亭的个数。

同理，$S_4＝\dfrac{3.14}{2}×0.953×(2.4＋0.5)×3m^2＝4.339009×3m^2＝13.017m^2$

故 $S＝(0.99695＋1.6485＋1.237＋13.017)m^2＝16.90m^2＝1.69(10m^2)$

套用定额 1-878

② 圆锥亭坐凳腿

工程量计算规则：按结构展开面积计算。

由圆锥亭立面图图 2-33 得：

$$S＝\pi RN＝3.14×0.06×0.35×4×3m^2＝0.26376×3m^2＝0.79m^2＝0.08(10m^2)$$

【注释】　3.14——圆周率；

　　　　0.06m——圆锥亭坐凳腿的直径；

　　　　0.35m——圆锥亭坐凳腿地面以上的高度；

　　　　　　4——每个圆锥亭的坐凳腿个数；

　　　　　　3——圆锥亭的个数。

套用定额 1-878

③ 圆锥亭坐凳面

工程量计算规则：按结构展开面积计算。

由圆锥亭立面图图 2-33、圆锥亭底平面图图 2-30 得：

$$S = S_{面} + S_{侧} = [(\pi r1^2 - \pi r2^2) + 2\pi r1h]N$$

$$= [(3.14 \times 0.75^2 - 3.14 \times 0.2^2) + 2 \times 3.14 \times 0.75 \times 0.05] \times 3m^2$$

$$= (1.64065 + 0.2355) \times 3m^2$$

$$= 1.87615 \times 3m^2$$

$$= 5.63m^2 = 0.56(10m^2)$$

【注释】　3.14——圆周率；

　　　　0.75m——圆锥亭坐凳面的外圆半径；

　　　　 0.2m——圆锥亭下底柱的半径；

　　　　0.05m——圆锥亭坐凳面的厚度；

　　　　　　3——圆锥亭的个数。

套用定额 1-879

5）现浇构件钢筋工程

【注释】　$\phi6$ 和 $\phi4$ 为圆钢，其中 $\phi6$ 为箍筋；保护层的厚度为 30mm；$\phi12$ 为螺纹钢，90°弯起长度为 80mm；单位质量 $V_{\phi4} = 0.099kg/m$，$V_{\phi6} = 0.222kg/m$，$V_{\phi12} = 0.888kg/m$。

① 圆锥亭柱 $\phi12$ 螺纹钢（$\phi12$ 以内）

工程量计算规则：按设计展开长度（展开长度、保护层、搭接长度应符合规范规定）乘以单位理论质量以吨计算。

由圆锥亭基础剖面图图 2-32、圆锥亭的钢筋示意图图 2-34、圆锥亭立面图图 2-33 得：

圆锥亭柱 $\phi12$ 螺纹钢的工程量为：

$$W_{\phi12} = L_{\phi12} \times V_{\phi12} \times N_{\phi12} \times N$$

$L_{\phi12} =$ 圆锥亭柱净高－保护层的厚度＋弯起的长度

$$= [(0.08 + 0.3 + 2.5 + 0.5 + 0.2) - 0.03 \times 2 + 0.08]m$$

$$= (3.58 - 0.06 + 0.08)m = 3.6m$$

【注释】　0.08m——圆台 2 的高度；

　　　　 0.3m——圆台 1 的高度；

　　　　 2.5m——圆锥亭柱到地面的高度；

　　　　 0.5m——圆锥亭柱埋入地面以下的深度；

0.2m——独立基础的厚度。

$W_{\phi12} = 3.6 \times 0.888 \times 3 \times 3kg = 9.5904 \times 3kg = 28.77kg = 0.029t$

【注释】　0.888kg/m——ϕ12 钢筋的单位理论质量；

　　　　　　3——每个圆锥亭柱上 ϕ12 钢筋的根数；

　　　　　　3——圆锥亭的个数。

套用定额 1-479

② 圆锥亭柱 ϕ6 箍筋（ϕ12 以内）

工程量计算规则：按设计展开长度（展开长度、保护层、搭接长度应符合规范规定）乘以单位理论质量以吨计算。

由圆锥亭基础剖面图图 2-32、圆锥亭的钢筋示意图图 2-34、圆锥亭立面图图 2-33得：

排列根数 $N = \dfrac{L - 100mm}{\text{设计间距}} + 1$，其中 $L = $ 柱、梁、板净长。

$N_{\phi6} = \dfrac{(0.08 + 0.3 + 2.5 + 0.5 + 0.2) - 0.1}{0.3} + 1 = 13$ 根

【注释】　0.08m——圆台 2 的高度；

　　　　　0.3m——圆台 1 的高度；

　　　　　2.5m——圆锥亭柱到地面的高度；

　　　　　0.5m——圆锥亭柱埋入地面以下的深度；

　　　　　0.2m——独立基础的厚度；

　　　　　0.3m——独立基础的厚度、设计间距。

箍筋末端作 135° 弯钩，弯钩平直部分的长度为 e，为箍筋直径的 5 倍。

故箍筋的长度 $L_{\phi6} = [(a - 2c + 2d) \times 2 + (b - 2c + 2d) \times 2 + 14d] \times N_{\phi6} \times N$

其中，a、b 为柱截面长、宽，d 为钢筋直径，c 为保护层厚度。

$L_{\phi6} = [(0.3 - 2 \times 0.03 + 2 \times 0.006) \times 2 + (0.3 - 2 \times 0.03 + 2 \times 0.006) \times 2 + 14 \times 0.006] \times$

$\qquad 13 \times 3m$

$\qquad = (0.504 + 0.504 + 0.084) \times 13 \times 3m$

$\qquad = 1.092 \times 13 \times 3m$

$\qquad = 42.588m$

【注释】　0.3m——圆锥亭柱的直径；

　　　　　0.03m——保护层的厚度；

　　　　　0.006m——ϕ6 钢筋的直径；

　　　　　13——每个圆锥亭上 ϕ6 箍筋的根数；

　　　　　3——圆锥亭的个数。

$W_{\phi6} = L_{\phi6} \times V_{\phi6} = 42.588 \times 0.222kg = 9.45kg = 0.009t$

【注释】　0.222kg/m——ϕ6 钢筋的单位理论质量。

套用定额 1-479

③ 圆锥亭柱基础 $\phi 4$ 圆筋

工程量计算规则：按设计展开长度（展开长度、保护层、搭接长度应符合规范规定）乘以单位理论质量以吨计算。

由圆锥亭基础剖面图图 2-32、圆锥亭的钢筋示意图图 2-34、圆锥亭立面图图 2-33 得：

$$W_{\phi 4} = L_{\phi 4} \times V_{\phi 4} \times N_{\phi 4} \times N$$

$$L_{\phi 4} = (L - 2c + 6.25d)$$

其中，L 为基础的边长，c 为保护层的厚度，d 为钢筋直径。

故 $L_{\phi 4} = (1.4 - 2 \times 0.03 + 6.25 \times 0.004) \text{m} = (1.4 - 0.06 + 0.025) \text{m} = 1.365 \text{m}$

【注释】　1.4m——圆锥亭钢筋混凝土基础底面的边长；

　　　　　0.03m——保护层的厚度；

　　　　　0.004m——$\phi 4$ 钢筋的直径。

$W_{\phi 4} = 1.365 \times 0.099 \times 6 \times 2 \times 3 \text{kg} = 4.86 \text{kg} = 0.005 \text{t}$

【注释】　0.099m——$\phi 4$ 钢筋的单位理论质量；

　　　　　6——单向上钢筋的根数；

　　　　　2——双向排钢筋；

　　　　　3——圆锥亭的个数。

套用定额 1-479

8. 旱喷泉

1）循环水池

① 挖基础（人工挖地坑）

二类干土，深度为 1.7m，据工程量计算规则，无须放坡，基础材料为混凝土基础支模板，各边各增加工作面宽度，基础边至地槽（坑）边 300mm。

由喷泉底平面图图 2-37、喷泉剖面图图 2-38 得：

喷泉的循环水池挖基础工程量为：

$$\begin{aligned} V &= \pi (r + 0.3)^2 h \\ &= 3.14 \times \left(\frac{1.6}{2} + 0.3 \right)^2 \times (0.2 + 0.2 + 1.3) \text{m}^3 \\ &= 3.14 \times 1.1^2 \times 1.7 \text{m}^3 \\ &= 6.46 \text{m}^3 \end{aligned}$$

【注释】　3.14——圆周率；

　　　　　1.6m——喷泉循环水池基础垫层的直径；

　　　　　0.3m——喷泉循环水池基础两边各放宽的宽度；

　　　　　0.2m——喷泉 3:7 基础垫层的厚度；

　　　　　0.2m——喷泉循环水池底的厚度；

　　　　　1.3m——喷泉循环水池至零地面的高度。

套用定额 1-50

② 原土打底夯（基槽坑）

工程量计算规则：按挖土方基坑的底面积以平方米计算。

由喷泉底平面图图 2-37、喷泉剖面图图 2-38 得：

喷泉的循环水池基础打底夯的工程量为：

$$S=\pi(r+0.3)^2=3.14\times\left(\frac{1.6}{2}+0.3\right)^2 \text{m}^2=3.80\text{m}^2=0.38(10\text{m}^2)$$

【注释】　3.14——圆周率；

　　　　　1.6m——喷泉循环水池基础垫层的直径；

　　　　　0.3m——喷泉循环水池基础两边各放宽的宽度。

套用定额 1-123

③ 3：7 灰土垫层

工程量计算规则：按设计图示尺寸以立方米计算。

由喷泉底平面图图 2-37、喷泉剖面图图 2-38 得：

循环水池基础 3：7 灰土垫层的工程量为：

$$V=\pi r^2 h=3.14\times\left(\frac{1.6}{2}\right)^2\times 0.2\text{m}^3=0.40\text{m}^3$$

【注释】　3.14——圆周率；

　　　　　1.6m——喷泉 3：7 灰土垫层的直径；

　　　　　0.2m——喷泉循环水池底的厚度。

套用定额 1-162

④ 循环水池混凝土池壁（自拌）

工程量计算规则：按设计图示尺寸实体体积以立方米计算。

由喷泉底平面图图 2-37、喷泉剖面图图 2-38 得：

喷泉循环水池壁的工程量为：

$$V=\pi R^2 h-\pi r^2 h$$

$$=[3.14\times 0.7^2\times(1.3+0.2)-3.14\times 0.5^2\times(1.3+0.2)]\text{m}^3$$

$$=(2.3079-1.1775)\text{m}^3$$

$$=1.13\text{m}^3$$

【注释】　3.14——圆周率；

　　　　　0.7——喷泉循环池壁外圆的半径；

　　　　　0.5m——喷泉循环池底的内壁圆半径；

　　　　（1.3+0.2)m——喷泉循环池壁的高度。

套用定额 1-367

⑤ 循环水池混凝土池底

工程量计算规则：按设计图示尺寸实体体积以立方米计算。

由喷泉底平面图图 2-37、喷泉剖面图图 2-38 得：

喷泉循环水池底的工程量为：

$$V=\pi r^2 h=3.14\times\left(\frac{1.4}{2}\right)^2\times 0.2\mathrm{m}^3=0.31\mathrm{m}^3$$

【注释】　　3.14——圆周率；

1.4m——喷泉水池池底的直径；

0.2m——喷泉水池池底的厚度。

套用定额 1-358

⑥ 防水水泥砂浆

项目编码：010903003001　　　项目名称：砂浆防水（潮）

工程量计算规则：按设计图示尺寸以面积计算。

由喷泉底平面图图 2-37、喷泉剖面图图 2-38 得：

喷泉循环水池的防水水泥砂浆的工程量为：

$$S=S_{壁}+S_{底}=2\pi Rh+\pi R^2$$

$$=\left[3.14\times 1\times(1.3+0.2)+3.14\times\left(\frac{1}{2}\right)^2\right]\mathrm{m}^2$$

$$=(4.71+0.785)\mathrm{m}^2$$

$$=5.50\mathrm{m}^2=0.55(10\mathrm{m}^2)$$

【注释】　　3.14——圆周率；

1m——喷泉循环水池的内池壁直径；

(1.3+0.2)m——喷泉循环水池的内壁深度。

套用定额 1-846

⑦ 回填土

工程量计算规则：基槽、坑回填土体积＝挖土体积－设计室外地坪以下埋设的体积（包括基础垫层、柱、墙基础及柱等）。

由喷泉底平面图图 2-37、喷泉剖面图图 2-38 得：

喷泉循环水池的回填土工程量为：

$$V=V_{挖土}-V_{3:7灰土}-V_{喷泉槽}$$

$$=[6.46-0.53-(3.14\times 1.6^2-3.14\times 1.1^2)\times 0.35]\mathrm{m}^3$$

$$=(6.46-0.53-1.48365)\mathrm{m}^3$$

$$=4.45\mathrm{m}^3$$

【注释】　　6.46m³——喷泉槽基础的挖土方量；

0.53m³——喷泉槽 3：7 灰土垫层的工程量；

3.14——圆周率；

1.6m——喷泉槽外壁（外）到其几何中心的距离；

1.1m——喷泉槽内壁（内）到其几何中心的距离；

0.35m——喷泉槽底至零地面的深度。

套用定额 1-127

2）喷泉槽

① 挖基础（人工挖地槽、地沟）

二类干土，深度为 0.45m，据工程量计算规则，无须放坡，基础材料为混凝土基础支模板，各边各增加工作面宽度，基础边至地槽（坑）边 300mm。

由喷泉底平面图图 2-37、喷泉剖面图图 2-38 得：

喷泉槽的挖基础工程量为：

$$V = \pi(R+0.3)^2 h - \pi(r-0.3)^2 h$$
$$= [3.14 \times (1.6+0.06+0.3)^2 \times (0.1+0.35) - 3.14 \times (1.1-0.06-0.3)^2 \times (0.1+0.35)] m^3$$
$$= (5.428181 - 0.773759) m^3$$
$$= 4.65 m^3$$

【注释】　3.14——圆周率；

　　　　　1.6m——喷泉槽外壁到其几何中心的距离；

　　　　　0.06m——喷泉槽 3∶7 灰土基础宽于池底的宽度；

　　　　　0.3m——喷泉槽挖基础各边放宽的宽度；

　　　　　1.1m——喷泉槽内壁到其几何中心的距离；

（0.35+0.1）m——喷泉槽的深度。

套用定额 1-18

② 原土打底夯（基槽坑）

工程量计算规则：按挖土方基坑的底面积以平方米计算。

由喷泉底平面图图 2-37、喷泉剖面图图 2-38 得：

喷泉槽基础打底夯的工程量为：

$$S = \pi(R+0.3)^2 - \pi(r-0.3)^2$$
$$= [3.14 \times (1.6+0.06+0.3)^2 - 3.14 \times (1.1-0.06-0.3)^2] m^2$$
$$= (12.06262 - 1.719464) m^2$$
$$= 10.34 m^2 = 1.03(10m^2)$$

【注释】　3.14——圆周率；

　　　　　1.6m——喷泉槽外壁到其几何中心的距离；

　　　　0.06m——喷泉槽 3∶7 灰土基础宽于池底的宽度；

　　　　　0.3m——喷泉槽挖基础各边放宽的宽度；

　　　　　1.1m——喷泉槽内壁到其几何中心的距离。

套用定额 1-123

③ 100mm 厚 3∶7 灰土垫层

工程量计算规则：按设计图示尺寸以立方米计算。

由喷泉底平面图图 2-37、喷泉剖面图图 2-38 得：

100mm 厚 3∶7 灰土垫层的工程量为：$V = 0.53 m^3$

【注释】　0.53m³——由清单工程量所得的喷泉槽 3∶7 灰土垫层的工程量。

套用定额 1-162

④ 喷泉槽池壁

工程量计算规则：按设计图示尺寸实体体积以立方米计算。

由喷泉底平面图图 2-37、喷泉剖面图图 2-38 得：

喷泉槽壁的工程量为：$V = 0.76 \mathrm{m}^3$

【注释】　$0.76 \mathrm{m}^3$——由清单工程量所得的喷泉槽壁的工程量。

套用定额 1-367

⑤ 喷泉槽混凝土池底

工程量计算规则：按设计图示尺寸实体体积以立方米计算。

由喷泉底平面图图 2-37、喷泉剖面图图 2-38 得：

喷泉槽混凝土池底的工程量为：$V = 0.42 \mathrm{m}^3$

【注释】　$0.42 \mathrm{m}^3$——由清单工程量所得的喷泉槽的工程量。

套用定额 1-358

⑥ 防水水泥砂浆

工程量计算规则：按设计图示尺寸以平方米计算。

由喷泉底平面图图 2-37、喷泉剖面图图 2-38 得：

喷泉槽的防水水泥砂浆的工程量为：

$$S = S_{壁1} + S_{壁2} + S_{底} = 2\pi R h + 2\pi r h + (\pi R^2 - \pi r^2)$$
$$= [2 \times 3.14 \times 1.5 \times 0.45 + 2 \times 3.14 \times 1.2 \times 0.45 + 3.14 \times (1.5^2 - 1.2^2)] \mathrm{m}^2$$
$$= (4.239 + 3.3912 + 2.5434) \mathrm{m}^2$$
$$= 10.17 \mathrm{m}^2 = 1.02 (10 \mathrm{m}^2)$$

【注释】　3.14——圆周率；

　　　　　1.5m——喷泉槽外壁（内）到其几何中心的距离；

　　　　　0.45m——喷泉槽的内壁深度；

　　　　　1.2m——喷泉槽内壁（外）到其几何中心的距离。

套用定额 1-846

⑦ 回填土

工程量计算规则：基槽、坑回填土体积＝挖土体积－设计室外地坪以下埋设的体积（包括基础垫层、柱、墙基础及柱等）。

由喷泉底平面图图 2-37、喷泉剖面图图 2-38 得：

喷泉槽的回填土工程量为：

$$V = V_{挖} - V_{3:7灰土} - V_{喷泉槽}$$
$$= [4.65 - 0.53 - (3.14 \times 1.6^2 - 3.14 \times 1.1^2) \times 0.35] \mathrm{m}^3$$
$$= (4.65 - 0.53 - 1.48365) \mathrm{m}^3$$
$$= 2.64 \mathrm{m}^3$$

【注释】　$4.65 \mathrm{m}^3$——喷泉槽基础的挖土方量；

　　　　　$0.53 \mathrm{m}^3$——喷泉槽 3：7 灰土垫层的工程量；

　　　　　3.14——圆周率；

    1.6m——喷泉槽外壁（外）到其几何中心的距离；

    1.1m——喷泉槽内壁（内）到其几何中心的距离；

    0.35m——喷泉槽底至零地面的深度。

套用定额 1-127

3）喷泉管道

① 主给水管道（DN50）

由清单工程量知，主给水管道（DN50）的工程量为 8.5m。

套用河南省定额 3-78

由喷泉底平面图图 2-37 得：

主给水管道（DN50）刷银粉漆的工程量为：

$S=\pi DL=3.14\times0.05\times8.5\text{m}^2=1.33\text{m}^2=0.13(10\text{m}^2)$

【注释】   3.14——圆周率；

      0.05 m——主给水管道的直径；

      8.5m——主给水管道的长度。

套用河南省定额 3-116

② 分水管

由清单工程量知，分水管道（DN30）的工程量为 8.36m。

套用河南省定额 3-76

由喷泉底平面图图 2-37 得，分水管道（DN30）刷银粉漆的工程量为：

$S=\pi DL=3.14\times0.03\times8.36\text{m}^2=0.79\text{m}^2=0.08(10\text{m}^2)$

【注释】   3.14——圆周率；

      0.03m——分水管道的直径；

      8.36m——分水管道的长度。

套用河南省定额 3-116

③ 喷泉泄水管道（DN100）

由清单工程量知，喷泉泄水管道（DN100）的工程量为 6.8m。

套用河南省定额 3-81

由喷泉底平面图图 2-37 得，喷泉泄水管道（DN100）刷银粉漆的工程量为：

$S=\pi DL=3.14\times0.1\times6.8\text{m}^2=2.14\text{m}^2=0.21(10\text{m}^2)$

套用河南省定额 3-116

④ 溢水管管道（DN50）

由清单工程量知，溢水管管道（DN50）的工程量为 1.2m。

套用河南省定额 3-78

由喷泉剖平面图图 2-38 得：

溢水管管道（DN50）刷银粉漆的工程量为：

$S=\pi DL=3.14\times0.05\times1.2\text{m}^2=0.19\text{m}^2=0.02(10\text{m}^2)$

套用河南省定额 3-116

⑤ 喇叭花形喷头

由喷泉底平面图图 2-37 得：

玉柱喷头的工程量为：$N = 10$ 套

套用河南省定额 3-99

4）水下灯具

工程量计算规则：按设计图示以数量计算。

由清单工程量得：

水下密封型彩灯的工程量为：$N = 10$ 套 = 1（10 套）

套用河南省定额 3-130

5）喷泉电缆

① 铝芯电缆

工程量计算规则：按设计图示尺寸以长度计算。

由清单工程量得，喷泉电缆的工程量为：$L = 10.5$ m = 0.11（100m）

套用河南省定额 3-119

② 石棉水泥管

工程量计算规则：按设计图示尺寸以长度计算。

由铝芯电缆工程量得，石棉水泥管的工程量为：$L = 10.5$ m = 1.05（10m）

套用河南省定额 3-125

6）电气控制柜

① 配电箱安装

工程量计算规则：按设计图示数量计算。

估算石灯用电总量：$S = K_c \dfrac{\sum P}{\eta \times \cos\phi}$

【注释】　S——喷泉照明用电总量；

$\sum P$——各灯具上的额定功率的总和（kW）；

η——灯具的平均效率，一般可取 0.86；

$\cos\phi$——灯具的功率因素；

K_c——各类灯具的需要系数，估算时一般可取 0.70。

常用园林照明电光源主要特性　　　　　　表 4-16

光源名称 特性	白炽灯 （普通照明）	卤钨灯	荧光灯	荧光高压汞灯	高压钠灯	金属卤化物灯	管形氙灯
定额功率范围	10～100	500～2000	无	50～1000	250～400	400～1000	1500～100000
光效（lm/W）	6.5～19	19.5～21	25～67	30～50	90～100	60～80	20～37
平均寿命（h）	1000	1500	2000～3000	2500～5000	3000	2000	500～1000
一般显色指数（Ra）	95～99	95～99	70～80	30～40	20～25	65～85	90～94
色温（K）	2700～2900	2900～3200	2700～6500	5500	2000～2400	5000～6500	5500～6000
功率因素（$\cos\phi$）	1	1	0.33～0.7	0.44～0.67	0.44	0.4～0.66	0.4～0.9
表面亮度	大	大	小	较大	较大	大	大

续表

光源名称\特性	白炽灯(普通照明)	卤钨灯	荧光灯	荧光高压汞灯	高压钠灯	金属卤化物灯	管型氙灯
频闪效应	不明显	不明显	明显	明显	明显	明显	明显
耐震性能	较差	差	较好	好	较好	好	好
所需附件	无	无	镇流器、起辉器	镇流器	镇流器	镇流器、触发器	触发器、镇流器

已知，所用灯具为 80W 的普通白炽灯，共有 10 个这类灯泡。

由表 4-16 知，白炽灯 $\cos\phi=1$。

故 $S=0.70\times\dfrac{(80\times10)/1000}{0.86\times1}kVA=0.7\times\dfrac{0.8}{0.86}kVA=0.65kVA$

【注释】　0.70——各类灯具的需要系数；

80W——一个白炽灯的电功率；

10——白炽灯的总个数；

0.86——灯具的平均效率；

1——白炽灯灯具的功率因素。

园林供电可选的配电变压器　　　　　　　　表 4-17

型号	额定容量(kVA)	额定电压/kV		效率(%)$\cos\phi_2=1$	
		高压	低压	额定负荷时	额定负荷1/2时
SJ-10/6	10	6	0.4	95.79	96.36
SJ-10/10	10	10	0.4	95.47	95.69
SJ-20/6	20	6	0.4	96.25	96.81
SJ-20/10	20	10	0.4	96.06	96.43
SJ-30/8	30	6.3	0.4	96.46	97.01
SJ-30/6	30	10	0.4	96.31	96.7
SJ-50/6	50	6.3	0.4	96.75	97.32
SJ-50/10	50	10	0.4	96.59	97.01
SJ-100/6	100	6.3	0.4	97.09	97.66
SJ-100/10	100	10	0.4	96.96	97.41
SJ-180/6	180	6.3	0.4	97.3	97.83
SJ-180/10	180	10.3	0.4	97.14	97.59
SJ-320/6	320	6.3	0.4	97.66	98.09
SJ-320/10	320	10	0.4	97.54	97.89
SJ-560/10	560	10	0.4	97.87	98.19

总电量 0.65kVA，查表 4-17，选择相应容量的配电变压器，由于使用的只是普通白炽灯照明灯具，因此选择型号 SJ-10/6。

套用河南省定额 3-137

② 交流供电系统调试

喷泉照明总用电 0.65kVA，小于 1kVA，且为交流电。

套用河南省定额 3-138

7) 园路

① 园路土基整理路床

由喷泉底平面图图 2-37、喷泉剖面图图 2-38 得：

园路土基整理路床的工程量为：

$$S = \pi R^2 - \pi r^2 = (3.14 \times 1.1^2 - 3.14 \times 0.7^2) \text{m}^2$$
$$= (3.7994 - 1.5386) \text{m}^2 = 2.26 \text{m}^2 = 0.23(10\text{m}^2)$$

【注释】　3.14——圆周率；

　　　　　1.1m——喷泉槽内壁（内）到其几何中心的距离；

　　　　　0.7m——喷泉循环池壁外圆的半径。

套用定额 3-491

② 200mm 厚 3∶7 灰土垫层

由喷泉底平面图图 2-37、喷泉剖面图图 2-38 得：

200mm 厚 3∶7 灰土垫层的工程量为：

$$V = SH = 2.26 \times 0.2 \text{m}^3 = 0.45 \text{m}^3$$

【注释】　2.26m²——整理路床的面积；

　　　　　0.2m——3∶7 灰土垫层的厚度。

套用定额 3-496

③ 花岗石贴面

由喷泉底平面图图 2-37、喷泉剖面图图 2-38 得：

花岗石贴面工程量为：$S = 3.41 \text{m}^2 = 0.34(10\text{m}^2)$

【注释】　3.41m²——由清单工程量所得。

套用定额 3-519

9. 石球雕塑

1) 砖砌底座（标准砖）

① 砖砌座

工程量计算规则：按设计图示尺寸以立方米计算。

由雕塑平面图图 2-39、雕塑底座剖面图图 2-41 得：

砖砌座的工程量为：$V = S_1 H_1 + S_2 H_2$
$$= (1 \times 1 \times 0.3 + 0.6 \times 0.6 \times 0.25) \text{m}^3$$
$$= (0.3 + 0.09) \text{m}^3$$
$$= 0.39 \text{m}^3$$

【注释】　1m——雕塑底层底座砖砌体的净边长；

　　　　　0.3m——雕塑底座底层砖砌体的净高；

　　　　　0.6m——雕塑上层底座砖砌体的净边长；

0.25m——雕塑上层底座砖砌体的净高。

套用定额 3-590

② 花岗石贴面

工程量计算规则：按块料面层的建筑尺寸（各块料面层＋粘贴砂浆厚度＝25mm）以面积计算。

由雕塑平面图图 2-39、雕塑立面图图 2-40、雕塑剖面图图 2-41 得：

雕塑花岗石贴面的工程量为：$S = S_1 + S_2$

【注释】　S_1——雕塑上层底座贴花岗石的面积；

　　　　　S_2——雕塑下层底座贴花岗石的面积。

$S_1 = (0.65 \times 0.65 + 0.65 \times 0.25 \times 4) \text{m}^2 = (0.4225 + 0.65) \text{m}^2 = 1.0725 \text{m}^2$

【注释】　0.65m——雕塑上层底座的边长；

　　　　　0.25m——雕塑上层底座的高；

　　　　　　4——雕塑上层底座的四个侧面。

$S_2 = (1.05 \times 1.05 - 0.65 \times 0.65 + 1.05 \times 0.29 \times 4) \text{m}^2$

$\quad\ = (1.1025 - 0.4225 + 1.218) \text{m}^2$

$\quad\ = 1.898 \text{m}^2$

【注释】　1.05m——雕塑下层底座的边长；

　　　　　0.65m——雕塑上层底座的边长；

　　　　　0.29m——雕塑下层底座的高；

　　　　　　4——雕塑下层底座的四个侧面。

$S = (1.0725 + 1.898) \text{m}^2 = 2.97 \text{m}^2 = 0.30 (10 \text{m}^2)$

套用定额 1-901

2）石球雕塑（直径 600mm 以内）

工程量计算规则：按设计图示数量以个计算。

由雕塑平面图图 2-39 得：

石球雕塑的工程量为：$N = 1$ 个 $= 0.1$（10 个）

套用定额 3-571

10. 汀步

1）混凝土汀步柱（矩形、自拌）

工程量计算规则：按设计图示尺寸实体体积以立方米计算。

由汀步平面图图 2-42、汀步剖面图图 2-43 得：

汀步柱的工程量为：$V = 0.6 \times 0.12 \times 0.2 \times 105 \text{m}^3 = 1.51 \text{m}^3$

【注释】　0.6m——汀步柱的长；

　　　　　0.12m——汀步柱的宽；

　　　　　0.2m——汀步柱的高；

　　　　　105——汀步的个数。

套用定额 1-279

2）汀步面

① 青石汀步面

工程量计算规则：按图水平投影面积以平方米计算。

由汀步平面图图 2-42、汀步剖面图图 2-43 得：

汀步面的工程量为：$S＝0.7×0.3×105\text{m}^2＝22.05\text{m}^2＝2.21(10\text{m}^2)$

【注释】　　0.3m——汀步面的宽；

　　　　　　0.7m——汀步面的长；

　　　　　　　105——汀步的个数。

套用定额 2-160

② 30mm 厚水泥砂浆

工程量计算规则：按设计图示尺寸以平方米计算。

由汀步平面图图 2-42、汀步剖面图图 2-43 得：

30mm 厚水泥砂浆的工程量为：

$S＝0.6×0.12×105\text{m}^2＝7.56\text{m}^2＝0.76(10\text{m}^2)$

套用定额 1-846

11. 水池

1）水池基础

① 挖基础（人工挖土方）

二类干土，深度为 0.4m，据工程量计算规则，无须放坡，基础材料为混凝土，各边各增加工作面宽度至地槽（坑）边 300mm。

由水池基础平面图图 2-45、水池剖面图图 2-46、水池一的挖土方示意图图 2-48 得：

水池基础挖土方的工程量为：$V＝V_1＋V_2＋V_3$

$V_1＝S_1×H$

$S_1＝(S_{梯形}＋S_{三角形})$

$S_1＝(S_{梯形}＋S_{三角形})$

$\quad＝\left(\dfrac{5.612＋9.779}{2}×11.792＋\dfrac{1}{2}×6.353×10.773\right)\text{m}^2$

$\quad＝(90.74534＋34.22043)\text{m}^2$

$\quad＝124.9658\text{m}^2$

$V_1＝124.9658×0.4\text{m}^3＝49.98631\text{m}^3$

【注释】　　0.4m——水池一挖土的深度。

$V_2＝S_2×H$

$S_2＝(6.05＋0.3×2)×(23.15＋0.3×2)\text{m}^2＝6.65×23.75\text{m}^2＝157.9375\text{m}^2$

【注释】　　6.05m——水池二的宽；

　　　　　　0.3m——水池两边各放宽的宽度；

　　　　　　23.15m——水池二的长。

$V_2 = 157.9375 \times 0.4 \text{m}^3 = 63.175 \text{m}^3$

【注释】　0.4m——水池二的挖土深度。

$V_3 = S_3 \times H$

$S_3 = (4.95 + 0.3 \times 2) \times (11.85 + 0.3 \times 2) \text{m}^2 = 5.55 \times 12.45 \text{m}^2 = 69.0975 \text{m}^2$

【注释】　4.95m——水池三的宽;

　　　　0.3m——水池两边各放宽的宽度;

　　　11.85m——水池三的长。

$V_3 = 69.0975 \times 0.4 \text{m}^3 = 27.639 \text{m}^3$

【注释】　0.4m——水池三的挖土深度。

$V = (49.98631 + 63.175 + 27.639) \text{m}^3 = 140.8 \text{m}^3$

套用定额 1-2

② 原土打底夯

工程量计算规则:按挖土方基坑的底面积以平方米计算。

由水池基础平面图图 2-45、水池剖面图图 2-46、水池一的挖土方示意图图 2-48 得:

原土打底夯的工程量为: $S = S_1 + S_2 + S_3$

【注释】　S_1——水池一挖基础的底面积;

　　　　S_2——水池二挖基础的底面积;

　　　　S_3——水池三挖基础的底面积。

由上题求挖土方的工程量知:

$S = (124.9658 + 157.9375 + 69.0975) \text{m}^2 = 352 \text{m}^2 = 35.2 (10 \text{m}^2)$

套用定额 1-123

③ 100mm 厚 3:7 灰土垫层

工程量计算规则:按设计图示尺寸以立方米计算。

由水池基础平面图图 2-45、水池剖面图图 2-46 得: $V = 30.70 \text{m}^3$

【注释】　30.70m^3——由清单工程量所得的 3:7 灰土垫层的工程量。

套用定额 1-162

④ 回填土(基坑、夯填)

工程量计算规则:回填土体积=挖土体积-设计室外地坪以下埋设的体积(包括基础垫层、柱、墙基础及柱等),以立方米计算。

由水池基础平面图图 2-45、水池剖面图图 2-46 得:

水池回填土的工程量为: $V = V_{挖} - V_{3:7灰土} - V_{水池}$

$$= (140.8 - 30.70 - 89.06236) \text{m}^3$$

$$= 21.04 \text{m}^3$$

【注释】　140.8m^3——水池挖土的土方量;

　　　　30.70m^3——3:7 灰土垫层的工程量;

　　　　89.06236m^3——由清单工程量所得的水池所占的体积。

套用定额 1-127

2）水池池底

① 混凝土水池池底

工程量计算规则：按设计图示尺寸以立方米计算。

由水池基础平面图图 2-45、水池剖面图图 2-46 得：

混凝土水池池底的工程量为：$V=V_1+V_2+V_3=41.69\text{m}^3$

【注释】 41.69m^3——由清单工程量所得的混凝土池底的体积。

套用定额 1-358

② 蓝色瓷砖贴面

工程量计算规则：按设计图示尺寸以平方米计算。

由水池基础平面图图 2-45、水池剖面图图 2-46 得：

瓷砖贴面的工程量为：$S=S_1+S_2+S_3$

由水池平面图图 2-44、景墙基础平面图图 2-24、雕塑平面图图 2-39 得：

$S_1=S_{池底1}-S_{雕塑}-S_{景墙}$

$=(101.7484-1\times1-0.5\times2.8\times3)\text{m}^2$

$=(101.7484-1-4.2)\text{m}^2$

$=96.5484\text{m}^2$

【注释】 101.7484m^2——清单工程量混凝土池底计算过程所得的水池一的池底
总面积；

1m^2——雕塑的底座边长；

0.5m^2——景墙的底座宽；

2.8m^2——景墙的底座长；

3——景墙的个数。

$S_2=5.55\times22.65\text{m}^2=125.7075\text{m}^2$

【注释】 5.55m——水池二混凝土底的宽；

22.65m——水池二混凝土底的长。

$S_3=4.45\times11.35\text{m}^2=50.5075\text{m}^2$

【注释】 4.45m——水池二混凝土底的宽；

11.35m——水池二混凝土底的长。

$S=(96.5484+125.7075+50.5075)\text{m}^2=272.7634\text{m}^2=27.28（10\text{m}^2）$

套用定额 1-913

3）钢筋混凝土水池池壁

① 混凝土水池池壁

工程量计算规则：按设计图示尺寸以立方米计算。

由水池基础平面图图 2-45、水池剖面图图 2-46 得：

钢筋混凝土水池池壁的工程量为：$V=V_1+V_2+V_3=9.16\text{m}^3$

【注释】 9.16m^3——由清单工程量所得的钢筋混凝土池壁的体积。

套用定额 1-373

②蓝色瓷砖贴面

工程量计算规则：按设计图示尺寸以平方米计算。

由水池基础平面图图 2-45、水池剖面图图 2-46 得：

瓷砖贴面的工程量为：$S = S_1 + S_2 + S_3$

$S_1 = L_{内1} \times H$

$\quad = (10.691 + 8.973 + 5.547 + 10.023 + 4.861) \times 0.32 \text{m}^2$

$\quad = 40.095 \times 0.32 \text{m}^2$

$\quad = 12.8304 \text{m}^2$

【注释】　0.32m——水池内壁的深度。

$L_{周长2} = (5.55 \times 2 + 22.65 \times 2) \text{ m} = 56.4 \text{m}$

【注释】　5.55m——水池二的内壁宽；

　　　　　22.65m——水池二的内壁长。

$L_{周长3} = (4.45 \times 2 + 11.35 \times 2) \text{m} = 31.6 \text{m}$

【注释】　4.45m——水池三的内壁宽；

　　　　　11.35m——水池三的内壁长。

故 $S_2 = 56.4 \times 0.32 \text{m}^2 = 18.048 \text{m}^2$

$S_3 = 31.6 \times 0.32 \text{m}^2 = 10.112 \text{m}^2$

【注释】　0.32——水池内壁的抹水泥砂浆的深度。

$S = (12.8304 + 18.048 + 10.112) \text{m}^2 = 40.99 \text{m}^2 = 4.10 \text{ （10m}^2）$

套用定额 1-913

③ 花岗石贴面

工程量计算规则：按块料面层的建筑尺寸（各块料面层＋粘贴砂浆厚度＝25mm）面积计算。

由水池平面图图 2-44、水池剖面图图 2-46 得：

花岗石贴面的工程量为：$S = S_{壁} + S_{顶}$

【注释】　$S_{壁}$——外水池壁所贴花岗石的面积；

　　　　　$S_{顶}$——水池壁顶部所贴花岗石的面积。

$S_{壁} = L_{外周长} \times H$

$L_{外周长} = L_{外周长1} + L_{外周长2} + L_{外周长3}$

$\quad = [(11.042 + 9.23 + 5.803 + 10.262 + 5.1) + (23 \times 2 + 5.9 \times 2) + (11.7 \times 2 + 4.8 \times 2)] \text{m}$

$\quad = (41.437 + 57.8 + 33) \text{m}$

$\quad = 132.237 \text{m}$

【注释】　23m——水池二的长；

　　　　　5.9m——水池二的宽；

　　　　　11.7m——水池三的长；

4.8m——水池三的宽。

$S_壁 = 132.237 \times 0.17\text{m}^2 = 22.48029\text{m}^2$

$S_顶 = L_中 \times L_壁宽$

$$L_1 = \frac{(11.042 + 9.23 + 5.803 + 10.262 + 5.1) + (10.622 + 8.922 + 5.469 + 9.975 + 4.814)}{2}\text{m}$$

$$= \frac{41.437 + 39.829}{2}\text{m} = 40.633\text{m}$$

$L_2 = [(5.9 - 0.21) \times 2 + (23 - 0.21) \times 2]\text{m} = 56.96\text{m}$

$L_3 = [(4.8 - 0.21) \times 2 + (11.7 - 0.21) \times 2]\text{m} = 32.16\text{m}$

$L_中 = L_1 + L_2 + L_3 = (40.633 + 56.96 + 32.16)\text{m} = 129.753\text{m}$

$S_顶 = 129.753 \times 0.21\text{m}^2 = 27.248\text{m}^2$

【注释】　0.21m——水池壁顶的宽度。

$S = (22.4802 + 27.248)\text{m}^2 = 49.7282\text{m}^2 = 4.97（10\text{m}^2）$

套用定额 1-901

4）防水水泥砂浆

工程量计算规则：按设计图示尺寸以平方米计算。

由水池基础平面图图 2-45、水池剖面图图 2-46 得：

防水水泥砂浆的工程量为：$S = S_1 + S_2 + S_3 = 313.75\text{m}^2 = 31.38（10\text{m}^2）$

【注释】　313.75m²——由清单工程量所得的防水水泥砂浆的工程量。

套用定额 1-846

5）钢筋工程

【注释】　$\phi8$ 为圆钢，保护层的厚度为 30mm；单位理论质量 $V_{\phi8} = 0.395\text{kg/m}$。

工程量计算规则：按设计展开长度（展开长度、保护层、搭接长度应符合规范）乘单位理论质量以吨计算。

由水池基础平面图图 2-45、水池剖面图图 2-46、水池池壁钢筋示意图图 2-47 得：

$W_{\phi8} = 0.618\text{t}$

【注释】　0.618t——由清单工程量所得的 $\phi8$ 钢筋的工程量。

套用定额 1-479

12. 现浇混凝土坐凳

1）基础

① 挖基础（人工挖地槽、地沟）

二类干土，深度为 0.28m，据工程量计算规则，无须放坡，基础材料为混凝土基础支模板，各边各增加工作面宽度，基础边至地槽（坑）边 300mm。

由坐凳基础平面图图 2-51、坐凳剖面图图 2-52 得：

挖基础的工程量为：

$V = （坐凳腿基础长 + 0.3 \times 2）\times（坐凳腿基础宽 + 0.3 \times 2）\times 深度 \times 坐凳个数$

$= (0.8 + 0.3 \times 2) \times (0.32 + 0.3 \times 2) \times 0.28 \times 16\text{m}^3$

$$=1.4 \times 0.92 \times 0.28 \times 16 \mathrm{m}^3$$
$$=5.77 \mathrm{m}^3$$

【注释】　0.8m——混凝土坐凳腿基础坑长；

0.32m——混凝土坐凳腿基础坑宽；

0.28m——混凝土坐凳腿基础深度；

16——混凝土坐凳的个数。

套用定额 1-18

② 原土打底夯

工程量计算规则：按设计图示尺寸以平方米计算。

由坐凳基础平面图图 2-51、坐凳剖面图图 2-52 得：

原土打底夯的工程量为：$S = (0.8+0.3 \times 2) \times (0.32+0.3 \times 2) \times 16 \mathrm{m}^2$
$$=1.4 \times 0.92 \times 16 \mathrm{m}^2$$
$$=20.61 \mathrm{m}^2 = 2.06 \ (10 \mathrm{m}^2)$$

【注释】　0.8m——坐凳腿基础坑长；

0.32m——混凝土坐凳腿基础坑宽；

16——混凝土坐凳的个数。

套用定额 1-123

③ 素混凝土垫层（自拌）

工程量计算规则：按设计图示尺寸以立方米计算。

由坐凳基础平面图图 2-51、坐凳剖面图图 2-52 得：

素混凝土垫层的工程量为：$V =$ 素混凝土底面积×厚度×2×坐凳个数
$$=0.32 \times 0.32 \times 0.1 \times 2 \times 16 \mathrm{m}^3$$
$$=0.1024 \times 0.1 \times 2 \times 16 \mathrm{m}^3$$
$$=0.33 \mathrm{m}^3$$

【注释】　0.32m——素混凝土的底面边长；

0.1m——素混凝土的厚度；

2——每个混凝土坐凳有两个坐凳腿；

16——混凝土坐凳的个数。

套用定额 1-170

④ 独立基础

工程量计算规则：按设计图示尺寸实体体积以立方米算至基础扩大顶面。

由坐凳基础平面图图 2-51、坐凳剖面图图 2-52 得：

混凝土坐凳的独立基础的工程量为：$V =$ 独立基础底面积×厚度×2×坐凳个数
$$=0.2 \times 0.2 \times 0.08 \times 2 \times 16 \mathrm{m}^3$$
$$=0.04 \times 0.08 \times 2 \times 16 \mathrm{m}^3$$
$$=0.10 \mathrm{m}^3$$

【注释】　0.2m——独立基础底面边长；

　　　　0.08m——独立基础的厚度；

　　　　　2——每个混凝土坐凳有两个坐凳腿；

　　　　16——混凝土坐凳的个数。

套用定额 1-275

⑤ 回填土

工程量计算规则：基槽、坑回填土体积＝挖土体积－设计室外地坪以下埋设的体积（包括基础垫层、柱、墙基础及柱等）。

回填土的工程量为：

$$V = V_{挖土} - V_{素混凝土垫层} - V_{独立基础} - V_{柱埋地下}$$

$$= \left\{ 5.77 - 0.33 - 0.10 - \frac{3.14 \times 0.1}{3} \times \left[\left(\frac{0.105}{2} \right)^2 + \left(\frac{0.1}{2} \right)^2 + \frac{0.105}{2} \times \frac{0.1}{2} \right] \times 2 \times 16 \right\} m^3$$

$$= (5.77 - 0.33 - 0.10 - 0.2522) m^3$$

$$= 5.09 m^3$$

【注释】　圆台的体积计算公式 $V = \frac{\pi H}{3} \times (R^2 + r^2 + Rr)$，其中 H 代表圆台的高，

　　　　R 代表底面大圆半径，r 代表顶面小圆半径。

　　　　5.77m³——挖土方的工程量；

　　　　0.33m³——素混凝土垫层的工程量；

　　　　0.10m³——独立基础的工程量；

　　　　3.14——圆周率；

　　　　0.1m——混凝土坐凳腿埋入地面以下的深度；

　　　0.105m——混凝土坐凳腿与地面相接处的直径；

　　　　0.1m——混凝土坐凳腿底部的直径；

　　　　　2——每个混凝土坐凳有两个坐凳腿；

　　　　16——混凝土坐凳的个数。

套用定额 1-127

2) 坐凳（小型构件、自拌）

工程量计算规则：按设计图示尺寸实体积以立方米计算。

由坐凳平面图图 2-49、坐凳立面图图 2-50、坐凳剖面图图 2-52 得：

混凝土坐凳的工程量为：

$$V = V_{坐凳坐面} + V_{坐凳腿}$$

$V_{坐凳坐面} = 坐凳长 \times 坐凳宽 \times 坐凳板厚 \times 坐凳个数$

　　　　$= (0.7 \times 0.3 \times 0.06 \times 16) m^3$

　　　　$= 0.2016 m^3$

【注释】　0.7m——混凝土坐凳面的长；

　　　　0.3m——混凝土坐凳面的宽；

　　　　0.06m——混凝土坐凳面的厚度；

16——混凝土坐凳的个数。

$$V_{坐凳腿} = \frac{3.14 \times (0.1 + 0.34)}{3} \times \left[\left(\frac{0.12}{2} \right)^2 + \left(\frac{0.1}{2} \right)^2 + \frac{0.12}{2} \times \frac{0.1}{2} \right] \times 2 \times 16 \text{m}^3$$
$$= 0.134107 \text{m}^3$$

【注释】　3.14m——圆周率；

0.1m——混凝土坐凳腿埋入地面以下的深度；

0.34m——混凝土坐凳腿地面以上的高度；

0.12m——混凝土坐凳腿与坐凳面相接的直径；

0.1m——坐凳腿底部的直径；

2——每个混凝土坐凳有两个坐凳腿；

16——混凝土坐凳的个数。

$V = (0.2016 + 0.134107) \text{ m}^3 = 0.34 \text{m}^3$

【注释】　0.2016m^3——混凝土坐凳面的体积；

0.134107m^3——混凝土坐凳腿的体积。

套用定额 1-356

3）钢筋工程

① 坐凳钢筋 $\phi 8$

工程量计算规则：按设计展开长度（展开长度、保护层、搭接长度应符合规范）乘以单位理论质量以吨计算。

由坐凳基础平面图图 2-51、坐凳剖面图图 2-52 得：

$L = L_{坐凳面} + L_{坐凳腿}$

$L_{坐凳面} = (坐凳面的长度 - 保护层的厚度) \times 3 \times 16 = (0.7 - 0.03 \times 2) \times 3 \times$ 16m = 30.72m

【注释】　0.7m——混凝土坐凳面的长度；

0.03m——保护层的厚度；

3——每个混凝土坐凳面中的 $\phi 8$ 钢筋数；

16——混凝土坐凳的个数。

$L_{坐凳腿} = (坐凳高度 - 保护层厚度 + 弯起长度) \times 3 \times 2 \times 16$
$= [(0.1 + 0.08 + 0.34 + 0.06) - 2 \times 0.03 + 0.04] \times 3 \times 2 \times 16 \text{m}$
$= (0.58 - 0.06 + 0.04) \times 3 \times 2 \times 16 \text{m}$
$= 0.56 \times 3 \times 2 \times 16 \text{m}$
$= 53.76 \text{m}$

【注释】　0.1m——混凝土坐凳腿埋入地面以下的深度；

0.08m——独立基础的厚度；

0.34m——混凝土坐凳腿地面以上的高度；

0.06m——混凝土坐凳面的厚度；

0.03m——保护层的厚度；

0.04m——混凝土坐凳腿中的 $\phi8$ 钢筋弯起的长度；

3——每个混凝土坐凳腿中的 $\phi8$ 钢筋数；

2——每个混凝土坐凳有两个坐凳腿；

16——混凝土坐凳的个数。

$L=(30.72+53.76)\text{m}=84.48\text{m}$

单位理论质量 $V_{\phi8}=0.395\text{kg/m}$

$W_{\phi8}=V_{\phi8}\times L=0.395\times84.48\text{kg}=33.3696\text{kg}=0.033\text{t}$

套用定额 1-479

② 坐凳钢筋 $\phi6$

工程量计算规则：按设计展开长度（展开长度、保护层、搭接长度应符合规范）乘以单位理论质量以吨计算。

由坐凳基础平面图图 2-51、坐凳剖面图图 2-52 得：

$L=L_{坐凳腿}+L_{坐凳基础}$

排列根数 $N=\dfrac{L-100\text{mm}}{\text{设计间距}}+1$，其中 $L=$ 柱、梁、板净长。

$N=\left[\dfrac{(0.06+0.34+0.1+0.08)-0.1}{0.15}+1\right]根=5\ 根$

【注释】　0.1m——混凝土坐凳腿埋入地面以下的深度；

0.08m——独立基础的厚度；

0.34m——混凝土坐凳腿地面以上的高度；

0.06m——混凝土坐凳面的厚度；

0.15m——设计间距。

坐凳腿中 $\phi6$ 总钢筋数 $n=N\times2\times16=5\times2\times16\ 根=160\ 根$

箍筋末端作 135° 弯钩，弯钩平直部分的程度为 e，为箍筋直径的 5 倍。

故箍筋的长度 $L_1=[(a-2c+2d)\times2+(b-2c+2d)\times2+14d]\times n$

其中，a、b 为柱截面长、宽，d 为钢筋直径，c 为保护层厚度，n 为坐凳腿中 $\phi6$ 总钢筋数。

$L_1=[(0.1-2\times0.03+2\times0.006)\times2+(0.1-2\times0.03+2\times0.006)\times2+14\times$

$0.006]\times160\text{m}$

$=(0.104+0.104+0.084)\times160\text{m}$

$=0.292\times160\text{m}$

$=46.72\text{m}$

【注释】　0.1m——混凝土坐凳的底部柱直径；

0.03m——保护层的厚度；

0.006m——钢筋的直径；

160——混凝土坐凳中钢筋 $\phi6$ 的总根数。

$L_2=$（独立基础的边长－保护层厚度＋弯起的长度）×根数

$$=(0.2-0.03\times2+6.25\times0.006\times2)\times6\times2\times16m$$

$$=0.215\times6\times2\times16m$$

$$=41.28m$$

【注释】　　0.2m——独立基础的边长；

　　　　　0.03m——保护层的厚度；

　　　　0.006m——钢筋的直径；

　　　　　　6——每个混凝土坐凳基础上钢筋$\phi6$的根数；

　　　　　　2——每个混凝土坐凳有两个坐凳腿；

　　　　　16——混凝土坐凳的个数。

$$L=(46.72+41.28)m=88m$$

$$W_{\phi6}=L\times V_{\phi6}=88\times0.222kg=19.536kg=0.020t$$

【注释】　　0.222kg/m——钢筋$\phi6$的单位理论质量。

套用定额 1-479

③ 坐凳钢筋 $\phi4$

工程量计算规则：按设计展开长度（展开长度、保护层、搭接长度应符合规范）乘以单位理论质量以吨计算。

由坐凳基础平面图图 2-51、坐凳剖面图图 2-52 得：

排列根数 $N=\dfrac{L-100mm}{设计间距}+1$，其中 $L=$ 柱、梁、板净长。

$$N=\left(\dfrac{0.7-0.1}{0.2}+1\right)根=4根$$

【注释】　　0.7m——混凝土坐凳面的长；

　　　　　0.2m——设计间距。

混凝土坐凳钢筋$\phi4$钢筋总根数 $n=N\times16=4\times16$ 根 $=64$ 根

$$L=(坐凳面宽-保护层厚度+弯起长度)\times n$$

$$=(0.3-0.03\times2+6.25\times0.004\times2)\times64m$$

$$=0.29\times64m=18.56m$$

$$W_{\phi4}=L\times V_{\phi4}=18.56\times0.099kg=1.83744kg=0.002t$$

【注释】　　0.099kg/m——钢筋$\phi4$的单位理论质量。

套用定额 1-479

13. 广场石灯

1）石灯基础

① 挖基础土方

二类干土，深度为 0.65m，据工程量计算规则，无须放坡，基础为混凝土基础支模板，各边各增加工作面宽度，基础边至地槽（坑）边 300mm。

由石灯基础剖面图图 2-55 得：

挖基础的工程量为：$V=(0.64+0.3\times2)\times(0.64+0.3\times2)\times0.65\times24m^3$

$$=1.24 \times 1.24 \times 0.65 \times 24 m^3$$
$$=23.99 m^3$$

【注释】　0.64m——石灯基础的底边边长；

0.3m——石灯基础各边扩宽的宽度；

0.65m——石灯基础挖土的深度；

24——石灯的个数。

套用定额 1-50

② 原土打底夯

工程量计算规则：按设计图示尺寸以平方米计算。

由石灯基础剖面图图 2-55 得：

原土打底夯的工程量为：$S = (0.64 + 0.3 \times 2) \times (0.64 + 0.3 \times 2) \times 24 m^2$
$$= 1.24 \times 1.24 \times 24 m^2$$
$$= 36.90 m^2 = 3.69 \ (10 m^2)$$

【注释】　0.64m——石灯基础的底边边长；

0.3m——石灯基础各边扩宽的宽度；

24——石灯的个数。

套用定额 1-123

③ 150mm 厚 3：7 灰土垫层

工程量计算规则：按设计图示尺寸以立方米计算。

由石灯基础剖面图图 2-55 得：

150mm 厚 3：7 灰土垫层的工程量为：$V = 0.64 \times 0.64 \times 0.15 \times 24 m^3 = 1.47 m^3$

【注释】　0.64m——石灯基础的底边边长；

0.15m——3：7 灰土垫层的厚度；

24——石灯的个数。

套用定额 1-162

④ 混凝土独立基础

工程量计算规则：按设计图示尺寸以立方米计算。

由石灯基础剖面图图 2-55 得：

石灯混凝土独立基础的工程量为：

$V = [(0.64 - 0.11 \times 2) \times (0.64 - 0.11 \times 2) \times 0.1 + (0.18 + 0.06 \times 2) \times (0.18 +$
$\quad 0.06 \times 2) \times 0.1] \times 24 m^3$
$\quad = (0.42 \times 0.42 \times 0.1 + 0.3 \times 0.3 \times 0.1) \times 24 m^3$
$\quad = 1.73 m^3$

【注释】　0.64m——底边灰土垫层的边长；

0.11m——独立基础下层大放脚每边短于灰土垫层的宽度；

0.1m——独立基础每层大放脚的厚度；

0.18m——石灯柱的直径；

125

0.06m——独立基础每层大放脚放宽的宽度；

24——石灯的个数。

套用定额 1-275

⑤ 回填土

工程量计算规则：基槽、坑回填土体积＝挖土体积－设计室外地坪以下埋设的体积（包括基础垫层、柱、墙基础及柱等）。

由石灯基础剖面图图 2-55 得：

回填土的工程量为：$V = V_{挖} - V_{3:7灰土} - V_{独立基础} - V_{灯柱'}$

$$= \left[23.99 - 1.47 - 1.73 - 3.14 \times \left(\frac{0.18}{2} \right)^2 \times 0.3 \times 24 \right] m^3$$

$$= (23.99 - 1.47 - 1.73 - 0.183125) m^3$$

$$= 19.61 m^3$$

【注释】　$23.99m^3$——石灯柱基础挖土方的工程量；

$1.47m^3$——石灯柱基础 3：7 灰土垫层的工程量；

$1.73m^3$——石灯柱独立基础的工程量；

$3.14m^3$——圆周率；

0.18m——石灯柱的直径；

0.3m——石灯柱埋入地面以下的深度；

24——石灯柱的个数。

套用定额 1-127

2）石灯

① 钢筋混凝土灯柱（自拌）

工程量计算规则：按设计图示尺寸实体体积以立方米计算。

由石灯基础剖面图图 2-55、石灯立面图图 2-53 得：

钢筋混凝土灯柱的工程量为：

$V = \pi R^2 h n$

$$= 3.14 \times \left(\frac{0.18}{2} \right)^2 \times (2.1 - 0.6 + 0.3) \times 24 m^3$$

$$= 3.14 \times 0.09^2 \times 1.8 \times 24 m^3$$

$$= 1.10 m^3$$

【注释】　3.14——圆周率；

0.18m——石灯灯柱的直径；

2.1m——石灯灯柱地面以上部分的总高；

0.6m——石灯灯头部分的长度；

0.3m——石灯灯柱埋入地面以下的深度；

24——石灯的个数。

套用定额 1-282

② 木楞

工程量计算规则：按竣工木料体积以立方米计算。

由石灯灯头横剖图图 2-53、石灯灯头剖面图图 2-54 得：

木楞的工程量为：
$$V = (0.169 \times 0.012 \times 0.57 \times 2 - 0.012 \times 0.012 \times 0.57) \text{m}^3$$
$$= (0.02312 - 0.00008208) \text{m}^3$$
$$= 0.002 \text{m}^3$$

【注释】　0.169m——木楞的长度；

　　　　　0.012m——木楞的宽度；

　　　　　0.57m——木楞的高度。

套用定额 1-682

3）柱面抹水泥砂浆

工程量计算规则：按机构展开面积计算。

由石灯基础剖面图图 2-55、石灯立面图图 2-56 得：

水泥砂浆抹灰的工程量为：
$$S = \pi D h n$$
$$= 3.14 \times 0.2 \times (2.1 - 0.6) \times 24 \text{m}^2$$
$$= 3.14 \times 0.2 \times 1.5 \times 24 \text{m}^2$$
$$= 22.61 \text{m}^2 = 2.26 \ (10 \text{m}^2)$$

【注释】　3.14——圆周率；

　　　　　0.2m——抹水泥砂浆的石灯灯柱的直径；

　　　　　2.1m——石灯灯柱地面以上部分的总高；

　　　　　0.6m——石灯灯头部分的长度；

　　　　　24——石灯的个数。

套用定额 1-850

4）钢筋工程

① 石灯柱 $\phi 8$ 直筋

工程量计算规则：按设计展开长度（展开长度、保护层、搭接长度应符合规范）乘以单位理论质量以吨计算。

由石灯基础剖面图图 2-55、石灯立面图图 2-56 得：

石灯柱 $\phi 8$ 直筋的工程量为：

$$W_{\phi 8} = L_{\phi 8} \times V_{\phi 8} \times N_{\phi 8} \times N$$

$L_{\phi 8} =$ 石灯钢筋混凝土灯柱净高－保护层的厚度＋弯起的长度

$$= [(2.1 - 0.6 + 0.3 + 0.1 + 0.1) - 0.03 \times 2 + 0.8] \text{m}$$
$$= (2 - 0.06 + 0.8) \text{m}$$
$$= 2.74 \text{m}$$

【注释】　2.1m——石灯灯柱地面以上的高度；

　　　　　0.6m——石灯灯头的长度；

　　　　　0.3m——石灯灯柱埋入地面以下的深度；

0.1m——石灯独立基础的每层放大脚的高度；

0.03m——保护层的厚度；

0.8——弯起的长度。

$W_{\phi 8}=2.74\times 0.395\times 4\times 24\text{kg}=103.90\text{kg}=0.104\text{t}$

【注释】 2.74m——一根$\phi 8$直筋的长度；

0.395kg/m——$\phi 8$钢筋的单位理论质量；

4——每根石灯柱中$\phi 8$钢筋的根数；

24——石灯的个数。

套用定额 1-479

② 石灯柱 $\phi 4$ 箍筋

工程量计算规则：按设计展开长度（展开长度、保护层、搭接长度应符合规范）乘以单位理论质量以吨计算。

由石灯基础剖面图图 2-55、石灯立面图图 2-56 得：

排列根数 $N=\dfrac{L-100\text{mm}}{\text{设计间距}}+1$，其中 $L=$ 柱、梁、板净长。

$N_{\phi 4}=\dfrac{(2.1-0.6+0.3+0.1+0.1)-0.1}{0.2}+1=11$ 根

【注释】 2.1m——石灯灯柱地面以上的高度；

0.6m——石灯灯头的长度；

0.3m——石灯灯柱埋入地面以下的深度；

0.1m——石灯独立基础的每层放大脚的高度；

0.2m——设计间距。

箍筋末端作135°弯钩，弯钩平直部分的长度为 e，为箍筋直径的 5 倍。

故箍筋的长度 $L_{\phi 6}=[(a-2c+2d)\times 2+(b-2c+2d)\times 2+14d]\times N_{\phi 4}\times N$

【注释】 a——柱面的长；

b——柱面的宽；

c——保护层的厚度；

d——钢筋的直径。

$L_{\phi 4}=[(0.2-2\times 0.03+2\times 0.004)\times 2+(0.2-2\times 0.03+2\times 0.004)\times 2+14\times$

$0.004]\times 11\times 24\text{m}$

$=(0.296+0.296+0.056)\times 11\times 24\text{m}$

$=0.648\times 11\times 24\text{m}$

$=171.072\text{m}$

【注释】 0.2m——石灯灯柱的直径；

0.03m——保护层的厚度；

0.004m——钢筋的直径；

11——每个石灯中$\phi 4$箍筋的根数；

24——石灯的个数。

$W_{\phi 4} = L_{\phi 4} \times V_{\phi 4} = 171.072 \times 0.099 \text{kg} = 16.93613 \text{kg} = 0.017 \text{t}$

【注释】　0.099kg/m——$\phi 4$ 钢筋的单位理论质量。

套用定额 1-479

4.4　施工图预算表

某小游园的施工图预算表见表 4-18。

施工图预算表

表 4-18

序号	定额编号	分项工程名称	计量单位	工程量	单价(元)	其中：			合价(元)
						人工费(元)	材料费(元)	机械费(元)	
1	1—121	平整场地	10m²	345.60	23.20	23.20	—	—	8017.92
2	3—118	栽植乔木(合欢)	10株	0.30	32.76	30.71	2.05	—	3.28
3	3—361	苗木养护	10株	0.30	135.36	70.63	28.79	35.94	40.61
4	3—123	栽植乔木(法桐)	10株	0.70	373.17	308.21	12.30	52.66	261.22
5	3—362	苗木养护	10株	0.70	175.62	96.27	36.30	43.05	122.93
6	3—120	栽植乔木(香樟)	10株	1.20	96.60	92.50	4.10	—	115.92
7	3—356	苗木养护	10株	1.20	102.62	39.15	28.79	34.68	123.14
8	3—120	栽植乔木(黄山栾树)	10株	0.80	96.60	92.50	4.10	—	77.28
9	3—361	苗木养护	10株	0.80	135.36	70.63	28.79	35.94	108.29
10	3—119	栽植乔木(大叶女贞)	10株	0.60	55.99	52.91	3.08	—	33.59
11	3—356	苗木养护	10株	0.60	102.62	39.15	28.79	34.68	61.57
12	3—143	栽植灌木(金叶女贞)	10株	2.10	254.05	247.90	6.15	—	533.51
13	3—368	苗木养护	10株	2.10	42.97	12.88	15.06	15.03	90.24
14	3—116	栽植乔木(桧柏)	10株	0.90	4.63	4.22	0.41	—	4.17
15	3—361	苗木养护	10株	0.90	135.36	70.63	28.79	35.94	121.82
16	3—197	栽植露地花卉(月季)	10m²	2.12	51.01	49.21	1.80	—	108.14
17	3—400	苗木养护	10m²	2.12	14.71	3.18	7.68	3.85	31.19
18	3—171	栽植片植绿篱、小灌木及地被(紫叶小檗)	10m²	1.15	61.13	59.57	1.56	—	70.30
19	3—382	苗木养护	10m²	1.15	28.04	11.62	10.59	5.83	32.25
20	3—160	栽植单排绿篱(火棘)	10m	22.55	14.22	12.58	1.64	—	320.66
21	3—377	苗木养护	10m	22.55	21.60	8.44	9.78	3.38	487.08
22	3—196	露地花卉栽植(金钟连翘)	10m²	11.89	61.13	59.57	1.56	—	726.84
23	3—400	苗木养护	10m²	11.89	14.71	3.18	7.68	3.85	174.90
24	3—118	栽植乔木(紫荆)	10株	1.80	32.76	30.71	2.05	—	58.97

续表

序号	定额编号	分项工程名称	计量单位	工程量	单价(元)	人工费(元)	材料费(元)	机械费(元)	合价(元)
						其中:			
25	3—361	苗木养护	10株	1.80	135.36	70.63	28.79	35.94	243.65
26	3—216	铺种草皮(高羊茅)	10m²	126.46	46.00	18.65	7.15	20.20	5817.16
27	3—405	苗木养护	10m²	126.46	50.05	16.54	8.64	24.87	6329.32
28	3—191	栽种水生植物(睡莲)	10缸	2.50	181.89	82.14	99.75	—	454.73
29	3—393	苗木养护	10m²	2.50	83.18	51.80	29.84	1.54	207.95
30	3—188	栽植攀缘植物(木香)	10株	0.80	28.94	27.71	1.23	—	23.15
31	3—394	苗木养护	10株	0.80	23.50	6.66	9.49	7.35	18.80
32	3—491	园路土基整理路床	10m²	25.11	16.65	16.65	—		418.08
33	3—496	基础垫层(混凝土)	m³	12.55	237.24	67.34	159.42	10.48	2977.36
34	3—494	基础垫层(2:8灰土)	m³	45.19	91.60	35.15	54.95	1.50	4139.40
35	1—846	抹水泥砂浆(零星项目)	10m²	25.11	194.25	146.08	42.69	5.48	4877.62
36	3—502	预制混凝土大块面层	10m²	22.50	719.58	92.50	627.08	—	16190.55
37	3—491	园路土基整理路床	10m²	30.50	16.65	16.65	—		507.83
38	3—493	基础垫层(3:7灰土)	m³	45.75	103.57	37.00	64.97	1.60	4738.33
39	3—495	基础垫层(碎石)	m³	30.50	88.44	27.01	60.23	1.20	2697.42
40	3—496	基础垫层(混凝土)	m³	30.50	237.24	67.34	159.42	10.48	7235.82
41	1—756+2×1—757	30mm厚水泥砂浆找平层	10m²	30.50	107.03	43.52	55.70	7.81	3264.42
42	3—519	花岗石板	10m²	20.32	2823.53	179.45	2629.35	14.73	57374.13
43	3—491	园路土基整理路床	10m²	25.87	16.65	16.65	—		430.74
44	3—493	基础垫层(3:7灰土)	m³	64.68	103.57	37.00	64.97	1.60	6698.91
45	3—492	基础垫层(砂)	m³	12.94	76.99	18.50	57.59	0.90	996.25
46	3—503	预制混凝土假冰片面层	10m²	25.87	513.28	149.85	363.43	—	13278.55
47	3—491	园路土基整理路床	10m²	24.24	16.65	16.65	—		403.60
48	3—493	基础垫层(3:7灰土)	m³	60.59	103.57	37.00	64.97	1.60	6275.31
49	3—492	基础垫层(砂)	m³	12.12	76.99	18.50	57.59	0.90	933.12
50	3—514	高强度透水型混凝土路面砖 200mm×100mm×60mm	10m²	24.24	499.71	69.93	418.58	11.20	12112.97
51	3—491	园路土基整理路床	10m²	17.04	16.65	16.65	—		283.72
52	3—493	基础垫层(3:7灰土)	m³	42.59	103.57	37.00	64.97	1.60	4411.05
53	3—492	基础垫层(砂)	m³	8.52	76.99	18.50	57.59	0.90	655.95
54	3—517	广场砖(无图案)	10m²	17.04	486.74	117.29	357.27	12.18	8294.05
55	3—491	园路土基整理路床	10m²	9.87	16.65	16.65	—		164.34
56	3—493	基础垫层(3:7灰土)	m³	24.68	103.57	37.00	64.97	1.60	2556.11

续表

序号	定额编号	分项工程名称	计量单位	工程量	单价(元)	其中:			合价(元)
						人工费(元)	材料费(元)	机械费(元)	
57	3—492	基础垫层(砂)	m³	4.94	76.99	18.50	57.59	0.90	380.33
58	3—514	高强度透水型混凝土路面砖 200mm×100mm×60mm	10m²	9.87	499.71	69.93	418.58	11.20	4932.14
59	3—525	花岗石路牙	10m	15.15	782.76	41.44	724.41	16.91	11858.81
60	1—50	人工挖地坑,二类干土	m³	16.15	13.84	13.84	—	—	223.52
61	1—123	原土打底夯(基槽坑)	10m²	0.21	6.81	4.88	—	1.93	1.43
62	1—162	基础垫层(3:7灰土)	m³	0.35	97.47	31.34	64.97	1.16	34.11
63	1—170	基础垫层(混凝土自拌)	m³	0.58	225.81	60.83	160.23	4.75	130.97
64	1—275	柱承台独立基础	m³	1.02	238.75	33.30	182.89	22.56	243.53
65	1—127	回填土(基槽坑)	m³	11.66	12.70	11.40	—	1.30	148.08
66	1—429	圆形柱(自拌)	m³	8.64	294.73	64.75	212.76	17.22	2546.47
67	1—850	柱、梁抹水泥砂浆(混凝土柱、梁)	10m²	6.96	182.68	131.87	44.94	5.87	1271.45
68	1—432	矩形梁(自拌)	m³	4.63	265.93	42.62	204.88	18.43	1231.26
69	1—356	小型构件(自拌)	m³	6.60	338.62	108.34	216.95	13.33	2234.89
70	1—122	原土打底夯(地面)	10m²	11.20	5.23	4.07	—	1.16	58.58
71	1—170	基础垫层(混凝土自拌)	m³	11.20	225.81	60.83	160.23	4.75	2529.07
72	1—756	水泥砂浆(厚20mm)	10m²	11.20	73.39	31.08	37.10	5.21	821.97
73	1—771	大理石(楼地面)	10m²	11.20	1790.61	177.16	1603.00	10.45	20054.83
74	2—391	方木桁条(厚度11cm以内)	m³	3.26	3755.76	348.75	3399.85	7.16	12243.78
75	1—18	人工挖地槽、地沟,二类干土	m³	6.34	10.99	10.99	—	—	69.68
76	1—123	原土打底夯(基槽、坑)	10m²	1.38	6.81	4.88	—	1.93	9.40
77	1—170	基础垫层(混凝土自拌)	m³	0.72	225.81	60.83	160.23	4.75	162.58
78	1—189	砖基础(标准砖)	m³	1.42	231.87	48.47	179.42	3.98	329.26
79	1—127	回填土(基槽、坑)	m³	4.20	12.70	11.40	—	1.30	53.34
80	1—238	小型砌体(标准砖)	m³	1.23	287.53	100.27	183.81	3.45	353.66
81	1—907	瓷砖 152mm×152mm以内(砂浆粘贴)	10m²	0.93	440.15	261.07	169.71	9.37	409.34
82	1—18	人工挖地槽、地沟,二类干土	m³	3.07	10.99	10.99	—	—	33.74
83	1—123	原土打底夯(基槽、坑)	10m²	0.85	6.81	4.88	—	1.93	5.79

序号	定额编号	分项工程名称	计量单位	工程量	单价(元)	其中:			合价(元)
						人工费(元)	材料费(元)	机械费(元)	
84	1—170	基础垫层(混凝土自拌)	m³	0.50	225.81	60.83	160.23	4.75	112.91
85	1—250	毛石基础	m³	0.89	158.16	50.32	102.30	5.54	140.76
86	1—127	回填土(基槽、坑)	m³	2.31	12.70	11.40	—	1.30	29.34
87	1—255	墙身(挡土墙)	m³	1.47	163.34	55.50	102.30	5.54	240.11
88	1—901	粘贴花岗石	10m²	0.39	3025.4	333.89	2685.55	5.96	1179.91
89	1—238	小型砌体(标准砖)	m³	3.37	287.53	100.27	183.81	3.45	968.98
90	1—872	水刷石(墙面、墙裙)	10m²	1.28	238.53	169.16	65.85	3.52	305.32
91	1—50	人工挖地坑,二类干土	m³	17.11	13.84	13.84	—	—	236.80
92	1—123	原土打底夯(基槽、坑)	10m²	1.71	6.81	4.88	—	1.93	11.65
93	1—162	基础垫层(3∶7灰土)	m³	1.71	97.47	31.34	64.97	1.16	166.67
94	1—275	柱承台独立基础	m³	1.65	238.75	33.30	182.89	22.56	393.94
95	1—127	回填土(基槽、坑)	m³	13.31	12.70	11.40	—	1.30	169.04
96	1—282	圆形柱(自拌)	m³	3.22	304.90	91.46	204.8	8.64	981.78
97	1—850	柱、梁抹水泥砂浆(混凝土柱、梁)	10m²	2.55	182.68	131.87	44.94	5.87	465.83
98	1—479	现浇构件钢筋(φ12)	t	0.058	4562.34	517.26	3916.6	128.48	264.62
99	1—479	现浇构件钢筋(φ6)	t	0.030	4562.34	517.26	3916.6	128.48	136.87
100	1—479	现浇构件钢筋(φ4)	t	0.006	4562.34	517.26	3916.6	128.48	27.37
101	1—50	人工挖地坑,二类干土	m³	9.60	13.84	13.84	—	—	132.86
102	1—123	原土打底夯(基槽、坑)	10m²	1.20	6.81	4.88	—	1.93	8.17
103	1—165	1∶1砂石	m³	0.59	93.77	26.42	66.19	1.16	55.32
104	1—275	柱承台独立基础	m³	1.18	238.75	33.30	182.89	22.56	281.73
105	1—127	回填土(基槽、坑)	m³	7.64	12.70	11.40	—	1.30	97.03
106	1—50	人工挖地坑,二类干土	m³	2.08	13.84	13.84	—	—	28.79
107	1—123	原土打底夯(基槽、坑)	10m²	0.69	6.81	4.88	—	1.93	4.70
108	1—165	1∶1砂石	m³	0.03	93.77	26.42	66.19	1.16	2.81
109	1—127	回填土(基槽、坑)	m³	2.04	12.70	11.40	—	1.30	25.91
110	1—282	圆形柱(自拌)	m³	1.55	304.90	91.46	204.8	8.64	472.60
111	1—356	小型构件(自拌)	m³	6.28	338.62	108.34	216.95	13.33	2126.53
112	1—282	圆形柱(自拌)	m³	0.005	304.90	91.46	204.8	8.64	1.52
113	1—356	小型构件(自拌)	m³	0.06	338.62	108.34	216.95	13.33	20.32
114	1—878	斩假石(柱、梁面)	10m²	1.69	561.62	493.73	64.5	3.39	949.14
115	1—878	斩假石(柱、梁面)	10m²	0.08	561.62	493.73	64.5	3.39	44.93
116	1—879	斩假石(零星项目)	10m²	0.56	1045.28	982.13	59.76	3.39	585.36
117	1—479	现浇构件钢筋(φ12)	t	0.029	4562.34	517.26	3916.6	128.48	132.31

续表

序号	定额编号	分项工程名称	计量单位	工程量	单价(元)	其中:			合价(元)
						人工费(元)	材料费(元)	机械费(元)	
118	1—479	现浇构件钢筋(φ6)	t	0.009	4562.34	517.26	3916.6	128.48	41.06
119	1—479	现浇构件钢筋(φ4)	t	0.005	4562.34	517.26	3916.6	128.48	22.81
120	1—50	人工挖地坑,二类干土	m³	6.46	13.84	13.84	—	—	89.41
121	1—123	原土打底夯(基槽、坑)	10m²	0.38	6.81	4.88	—	1.93	2.59
122	1—162	基础垫层(3∶7灰土)	m³	0.40	97.47	31.34	64.97	1.16	38.99
123	1—367	钢筋混凝土池壁(圆形壁)	m³	1.130	314.67	79.03	209.58	26.06	355.58
124	1—358	混凝土池底(平底)	m³	0.310	303.54	67.4	213.63	22.51	94.10
125	1—846	抹水泥砂浆(零星项目)	10m²	0.55	194.25	146.08	42.69	5.48	106.84
126	1—127	回填土(基槽、坑)	m³	4.45	12.70	11.40	—	1.30	56.52
127	1—18	人工挖地槽、地沟,二类干土	m³	4.65	10.99	10.99	—	—	51.10
128	1—123	原土打底夯(基槽、坑)	10m²	1.03	6.81	4.88	—	1.93	7.01
129	1—162	基础垫层(3∶7灰土)	m³	0.53	97.47	31.34	64.97	1.16	51.66
130	1—367	钢筋混凝土池壁(圆形壁)	m³	0.760	314.67	79.03	209.58	26.06	239.15
131	1—358	混凝土池底(平底)	m³	0.420	303.54	67.4	213.63	22.51	127.49
132	1—846	抹水泥砂浆(零星项目)	10m²	1.02	194.25	146.08	42.69	5.48	198.14
133	1—127	回填土(基槽、坑)	m³	2.64	12.70	11.40	—	1.30	33.53
134	3—78	室外镀锌钢管(螺纹连接)安装	10m	0.85	48.62	35.26	10.47	2.89	41.33
135	3—116	管道刷银粉漆(第一遍)	10m²	0.13	23.23	12.04	11.19	—	3.02
136	3—76	室外镀锌钢管(螺纹连接)安装	10m	0.84	35.42	27.95	5.82	1.65	29.75
137	3—116	管道刷银粉漆(第一遍)	10m²	0.08	23.23	12.04	11.19	—	1.86
138	3—81	室外镀锌钢管(螺纹连接)安装	10m	0.68	101.39	49.02	39.58	12.79	68.95
139	3—116	管道刷银粉漆(第一遍)	10m²	0.21	23.23	12.04	11.19	—	4.88
140	3—78	室外镀锌钢管(螺纹连接)安装	10m	0.12	48.62	35.26	10.47	2.89	5.83
141	3—116	管道刷银粉漆(第一遍)	10m²	0.02	23.23	12.04	11.19	—	0.46
142	3—99	喇叭花喷头	套	10	0.77	0.77	—	—	7.70
143	3—130	水下艺术装饰灯具安装(密封型彩灯)	10套	1	161.05	98.47	62.58	—	161.05

续表

序号	定额编号	分项工程名称	计量单位	工程量	单价(元)	人工费(元)	材料费(元)	机械费(元)	合价(元)
						其中:			
144	3—119	铝芯电力电缆敷设(截面直径120mm以下)	100m	0.11	625.57	389.15	200.64	35.78	68.81
145	3—125	电缆保护管敷设(石棉水泥管)	10m	1.05	61.58	45.15	16.43	—	64.66
146	3—137	配电箱安装(落地式)	台	1.00	253.72	156.09	34.06	63.57	253.72
147	3—138	交流电供电系统调试	台	1.00	601.04	430.00	4.92	166.12	601.04
148	3—491	园路土基整理路床	10m²	0.23	16.65	16.65	—	—	3.83
149	3—496	基础垫层(混凝土)	m³	0.45	237.24	67.34	159.42	10.48	106.76
150	3—519	花岗石板	10m²	0.34	2823.53	179.45	2629.35	14.73	960.00
151	3—590	园林小摆设	m³	0.39	507.43	166.50	336.89	4.04	197.90
152	1—901	粘贴花岗石	10m²	0.30	3025.4	333.89	2685.55	5.96	907.62
153	3—571	石球安装(球径600mm以内)	10个	0.10	7405.85	219.04	7182.34	4.47	740.59
154	1—279	矩形柱(自拌)	m³	1.51	298.85	85.25	204.96	8.64	451.26
155	2—160	踏步、阶沿石	10m²	2.21	5562.03	842.85	4656.06	63.12	12292.09
156	1—846	抹水泥砂浆(零星项目)	10m²	0.76	194.25	146.08	42.69	5.48	147.63
157	1—2	人工挖土方	m³	140.80	7.33	7.33	—	—	1032.06
158	1—123	原土打底夯(基槽、坑)	10m²	35.20	6.81	4.88	—	1.93	239.71
159	1—162	基础垫层(3:7灰土)	m³	30.70	97.47	31.34	64.97	1.16	2992.33
160	1—127	回填土(基槽、坑)	m³	21.04	12.70	11.40	—	1.30	267.21
161	1—358	混凝土池底(平底)	m³	41.69	303.54	67.4	213.63	22.51	12654.58
162	1—913	瓷砖152mm×152mm以上(砂浆粘贴)	10m²	27.28	952.02	274.39	668.9	8.73	25971.11
163	1—373	钢筋混凝土池壁(矩形)	m³	9.16	316.68	79.03	211.59	26.06	2900.79
164	1—913	瓷砖152mm×152mm以上(砂浆粘贴)	10m²	4.10	952.02	274.39	668.9	8.73	3903.28
165	1—901	粘贴花岗石	10m²	5.83	3025.4	333.89	2685.55	5.96	17638.08
166	1—846	抹水泥砂浆(零星项目)	10m²	31.38	194.25	146.08	42.69	5.48	6095.57
167	1—479	现浇构件钢筋(φ8)	t	0.618	4562.34	517.26	3916.6	128.48	2819.53
168	1—18	人工挖地槽、地沟,二类,干土	m³	5.77	10.99	10.99	—	—	63.41
169	1—123	原土打底夯(基槽、坑)	10m²	2.06	6.81	4.88	—	1.93	14.03
170	1—170	基础垫层(混凝土自拌)	m³	0.33	225.81	60.83	160.23	4.75	74.52
171	1—275	柱承台独立基础	m³	0.10	238.75	33.30	182.89	22.56	23.88
172	1—127	回填土(基槽坑)	m³	5.09	12.70	11.40	—	1.30	64.64
173	1—356	小型构件(自拌)	m³	0.34	338.62	108.34	216.95	13.33	115.13

续表

序号	定额编号	分项工程名称	计量单位	工程量	单价(元)	其中:			合价(元)
						人工费(元)	材料费(元)	机械费(元)	
174	1—479	现浇构件钢筋(ϕ8)	t	0.033	4562.34	517.26	3916.6	128.48	150.56
175	1—479	现浇构件钢筋(ϕ6)	t	0.020	4562.34	517.26	3916.6	128.48	91.25
176	1—479	现浇构件钢筋(ϕ4)	t	0.002	4562.34	517.26	3916.6	128.48	9.12
177	1—50	人工挖地坑,二类干土	m³	23.99	13.84	13.84	—	—	332.02
178	1—123	原土打底夯(基槽、坑)	10m²	3.69	6.81	4.88	—	1.93	25.13
179	1—162	基础垫层(3:7灰土)	m³	1.47	97.47	31.34	64.97	1.16	143.28
180	1—275	柱承台独立基础	m³	1.73	238.75	33.30	182.89	22.56	413.04
181	1—127	回填土(基槽、坑)	m³	19.61	12.70	11.40	—	1.30	249.05
182	1—282	圆形柱(自拌)	m³	1.100	304.90	91.46	204.8	8.64	335.39
183	1—682	方木楞	m³	0.002	1888.63	112.48	1771.1	5.01	3.78
184	1—850	柱、梁抹水泥砂浆(混凝土柱、梁)	10m²	2.26	182.68	131.87	44.94	5.87	412.86
185	1—479	现浇构件钢筋(ϕ8)	t	0.104	4562.34	517.26	3916.6	128.48	474.48
186	1—479	现浇构件钢筋(ϕ4)	t	0.017	4562.34	517.26	3916.6	128.48	77.56

第5章 某小游园绿化工程工程量清单表

工程量清单主要是建设工程分部分项工程项目、措施项目、其他项目的名称和相应数量以及规费、税金项目等内容的明细清单。工程量清单主要有招标投标价、工程计价总说明、分部分项工程和单价措施项目清单与计价表、综合单价分析表、总价措施项目清单与计价表等。

1. 投标总价

某小游园的投标总价如下所示。

投 标 总 价

招 标 人： <u>　某居住区绿化部　　　　　　　　　　　　</u>

工程名称： <u>　某小游园工程　　　　　　　　　　　　　</u>

投标总价(小写)： <u>　440065　　　　　　　　　　　　</u>

（大写）： <u>　肆拾肆万零陆拾伍元　　　　　　　　</u>

投 标 人： <u>　某某园林景观公司单位公章　　　　　　</u>
（单位盖章）

法定代表人
或其授权人： <u>　某某园林景观公司　　　　　　　　　</u>
（签字或盖章）

编制人： <u>　×××签字盖造价工程师或造价员专用章　</u>
（造价人员签字盖专用章）

编制时间：××××年××月××日

136

2. 工程计价说明

某小游园的工程计价总说明如下所示。

总 说 明

工程名称：某小游园工程　　　　　　　　　　　　　　　　　　　　第　页 共　页

1. 工程概况：

某小游园的基址仅需要简单整理，无须砍、挖、伐树；园林植物种植种类、数量如表 1-1 所示。种植土均为普坚土，乔木种植、灌木种植，丛植、群植以附表所给绿篱、花卉等种植长度、面积或数量计算。绿地为喷播草坪，总绿化面积为 1383.5m²。土壤为二类干土，现浇混凝土均为自拌。广场的长度和宽度分别为 60m 和 50m。

2. 投标控制价包括范围：为本次招标的小游园广场施工图范围内的园林景观工程。

3. 投标控制价编制依据：

(1) 招标文件及其所提供的工程量清单和有关计价的要求，招标文件的补充通知和答疑纪要。

(2) 该小游园广场施工图及投标施工组织设计。

(3) 有关的技术标准、规范和安全管理规定。

(4) 省建设主管部门颁发的计价定额和计价管理办法及有关计价文件。

(5) 材料价格采用工程所在地工程造价管理机构发布的价格信息，对于造价信息没有发布的材料，其价格参照市场价。

3. 工程计价汇总表

某小游园的工程计价汇总表见表 5-1～表 5-3。

工程项目投标报价汇总表　　　　　　　　　　　　　　　　　　表 5-1

工程名称：某小游园工程　　　　　　　标段：　　　　　　　　　第　页 共　页

序号	单项工程名称	金额(元)	其 中		
			暂估价(元)	安全文明施工费(元)	规费(元)
1	某小游园工程	440064.5		2877.50	6075.84
	合　计	440064.5		2877.50	6075.84

单项工程投标报价汇总表　　　　　　　　　　　　　　　　　　表 5-2

工程名称：某小游园工程　　　　　　　标段：　　　　　　　　　第　页 共　页

序号	单项工程名称	金额(元)	其 中		
			暂估价(元)	安全文明施工费(元)	规费(元)
1	某小游园工程	440064.5		2877.50	6075.84
	合　计	440064.5		2877.50	6075.84

注：本表适用于单项工程投标报价的汇总。

单位工程投标报价汇总表

表 5-3

工程名称：某小游园工程　　　　　　　　标段：　　　　　　　　第 页 共 页

序　号	汇总内容	金额(元)	其中:暂估价(元)
1	分部分项工程费	411071.42	
1.1	某小游园工程费	411071.42	
2	措施项目费	10276.79	
2.1	安全文明施工措施费	2877.50	
3	其他项目费	12640.45	
4	规费	6075.84	
5	税金	—	
招标控制价合计＝1+2+3+4+5		440064.5	

4. 分部分项工程量清单与计价表

某小游园的分部分项工程量清单与计价表见表 5-4 所示。

分部分项工程量清单与计价表

表 5-4

序号	项目编码	项目名称	项目特征描述	计量单位	工程量	金额(元) 综合单价	金额(元) 合价	其中:暂估价
1	050101010001	整理绿化用地	普坚土种植	m²	3000	4.13	12390.00	
2	050102001001	栽植乔木	合欢,落叶乔木,胸径6cm,Ⅱ级养护,保护一年	株	3	74.59	223.77	
3	050102001002	栽植乔木	法桐,落叶乔木,胸径15cm,Ⅱ级养护,保护一年	株	7	575.11	4025.77	
4	050102001003	栽植乔木	香樟,常绿乔木,胸径10cm,Ⅱ级养护,保护一年	株	12	372.14	4465.68	
5	050102001004	栽植乔木	黄山栾树,落叶乔木,胸径10cm,Ⅱ级养护,保护一年	株	8	302.91	2423.28	
6	050102001005	栽植乔木	大叶女贞,常绿乔木,胸径8cm,Ⅱ级养护,保护一年	株	6	279.27	1675.62	
7	050102002001	栽植灌木	金叶女贞,绿篱高1.2m,Ⅱ级养护	株	21	62.65	1315.65	
8	050102001006	栽植乔木	桧柏,胸径1.5cm,高3.0m,Ⅱ级养护,保护一年	株	9	88.24	794.16	
9	050102008001	栽植花卉	月季,一年生,普通花坛栽植,Ⅱ级养护	m²	21.8	11.01	240.02	
10	050102007001	栽植色带	紫叶小檗,株丛高0.6m,Ⅱ级养护	m²	11.52	12.38	142.62	
11	050102005001	栽植绿篱	火棘,高0.7m,宽0.8m,Ⅱ级养护	m	225.5	11.55	2604.53	
12	050102008002	栽植花卉	金钟连翘,一年生,普通花坛栽植,Ⅱ级养护	m²	118.9	10.88	1293.63	
13	050102001007	栽植乔木	紫荆,落叶乔木,胸径6cm,Ⅱ级养护,保护一年	株	18	27.91	502.38	

续表

序号	项目编码	项目名称	项目特征描述	计量单位	工程量	金额(元)		
						综合单价	合价	其中:暂估价
14	050102013001	喷播植草	高羊茅,Ⅱ级养护	m²	1264.6	8.85	11191.71	
15	050102009001	栽植水生植物	睡莲,Ⅱ级养护,保护一年	丛	25	43.38	1084.50	
16	050102006001	栽植攀缘植物	木香,Ⅱ级养护,保护一年	株	8	21.17	169.36	
17	050201001001	园路	混凝土园路,混凝土路面,100mm厚混凝土大块路面,50mm厚水泥砂浆,180mm厚灰土垫层,50mm厚混凝土垫层,素土夯实	m²	244.95	221.88	54349.51	
18	050201001002	园路	石板路,40mm厚青石片,30mm厚砂浆结合层,100mm厚混凝土垫层,100mm厚碎石垫层,150mm厚3:7灰土垫层,素土夯实	m²	203.23	391.08	79479.19	
19	050201001003	园路	广场一,50mm厚预置混凝土假冰片,50mm厚粗砂,250mm厚灰土垫层,素土夯实	m²	258.73	95.06	24594.87	
20	050201001004	园路	广场二,100mm厚高强度透水型混凝土路面砖,50mm厚粗砂,250mm厚灰土垫层,素土夯实	m²	242.36	92.47	22411.03	
21	050201001005	园路	广场三,100mm厚无图案广场砖,50mm厚粗砂,250mm厚灰土垫层,素土夯实	m²	170.35	87.63	14927.77	
22	050201001006	园路	广场四,100mm厚高强度透水型混凝土路面砖,50mm厚粗砂,250mm厚灰土垫层,素土夯实	m²	98.73	92.47	9129.56	
23	050201003001	路牙铺设	花岗石路牙,600mm×120mm×100mm	m	151.47	79.60	12057.01	
24	010101003001	挖基础土方	花廊柱工程,挖花廊柱基础,挖土厚度为480mm	m³	5.55	62.82	348.65	
25	010404001001	垫层	花廊柱工程,挖花廊柱基础,30mm厚3:7灰土	m³	0.35	115.35	40.37	
26	010501001001	垫层	花廊柱工程,挖花廊柱基础,50mm厚混凝土	m³	0.58	261.87	151.88	
27	010501003001	独立基础	花廊柱工程,钢筋混凝土基础	m³	1.02	269.47	274.86	
28	010103001001	土(石)方回填	花廊柱工程,人工回填土,夯填,密实度达95%以上	m³	1.06	216.48	229.47	

序号	项目编码	项目名称	项目特征描述	计量单位	工程量	综合单价	合价	其中：暂估价
						金额（元）		
29	050304001001	现浇混凝土花廊柱、梁	花廊工程，预制混凝土柱，共16个	m³	8.64	299.05	2583.79	
30	050304001002	现浇混凝土花廊柱、梁	花廊工程，预制混凝土梁，共2根	m³	4.63	299.51	1386.73	
31	050304001003	现浇混凝土花廊柱、梁	花廊工程，预制混凝土檩，共33根	m³	6.6	188.59	1244.69	
32	011102003001	块料楼地面	花廊平台工程，30mm厚大理石，20mm厚水泥砂浆，100mm厚混凝土，素土夯实	m²	112	225.82	25291.84	
33	010702005001	其他木构件	花坛一工程，花坛围板采用优质防腐木1200mm×100mm×100mm和1000mm×100mm×100mm，内用螺栓固定	m³	3.26	551.66	1798.41	
34	050307018001	砖石砌小摆设	花坛二工程，花坛砖砌壁上贴砖红色瓷砖，基础为砖基础，混凝土垫层100mm厚，素土夯实	个	1	1774.86	1774.86	
35	050307018002	砖石砌小摆设	花坛三工程，花坛毛石壁上贴花岗石，基础为毛石基础，混凝土垫层130mm厚，素土夯实	个	1	1948.06	1948.06	
36	010401003001	实心砖墙	景墙工程，2m高，2m宽，水刷石抹面，砖砌墙体，200mm厚素混凝土垫层，100mm厚3：7灰土垫层，素土夯实	m³	3.37	262.43	884.39	
37	010101003002	挖基础土方	景观柱工程，挖景观柱基础，挖土厚度为1000mm	m³	7.81	49.30	385.03	
38	010404001002	垫层	景观柱工程，挖景观柱基础，150mm厚3：7灰土	m³	1.71	115.35	197.25	
39	010501003002	独立基础	景观柱工程，钢筋混凝土基础	m³	1.65	269.47	444.63	
40	010103001002	土（石）方回填	景观柱工程，人工回填土，夯填，密实度达95%以上	m³	4.01	65.32	261.93	
41	010502003001	异形柱	景观柱工程，圆柱，截面直径450mm，柱高3.5m	m³	3.22	324.23	1044.02	
42	010515001001	现浇混凝土钢筋	景观柱工程，φ12螺纹钢	t	0.058	4917.50	285.22	
43	010515001002	现浇混凝土钢筋	景观柱工程，φ6箍筋	t	0.03	4917.50	147.53	
44	010515001003	现浇混凝土钢筋	景观柱工程，φ4圆筋	t	0.006	4917.50	29.51	

续表

序号	项目编码	项目名称	项目特征描述	计量单位	工程量	综合单价	合价	其中：暂估价
45	010101003003	挖基础土方	圆锥亭工程,挖柱基础,挖土厚度为800mm	m³	4.70	46.51	218.60	
46	010404001003	垫层	圆锥亭工程,挖柱基础,砂石垫层厚度为100mm	m³	0.59	108.94	64.27	
47	010501003003	独立基础	圆锥亭工程,挖柱基础,钢筋混凝土基础	m³	1.18	269.47	317.97	
48	010103001003	土(石)方回填	圆锥亭柱工程,人工回填土,夯填,密实度达95%以上	m³	2.74	54.87	150.34	
49	010101003004	挖基础土方	圆锥亭工程,挖坐凳柱基础,挖土厚度为300mm	m³	0.09	576.69	51.90	
50	010404001004	垫层	圆锥亭工程,挖坐凳柱基础,砂石垫层厚度为100mm	m³	0.03	108.94	3.27	
51	010103001004	土(石)方回填	圆锥亭坐凳腿工程,人工回填土,夯填,密实度达95%以上	m³	0.05	802.94	40.15	
52	010502003002	异形柱	圆锥亭柱工程,圆柱,截面直径300mm,柱高2.88m	m³	1.55	155.15	240.48	
53	010507007001	其他构件	圆锥亭顶工程,圆锥形,高0.5m	m³	6.28	188.59	1184.35	
54	010502003003	异形柱	圆锥亭坐凳腿工程,圆柱,截面直径60mm,柱高0.35m	m³	0.005	155.2	0.78	
55	010507007002	其他构件	圆锥亭坐凳工程,坐凳面,厚0.05m	m³	0.06	39853.82	2391.23	
56	010515001004	现浇混凝土钢筋	圆锥亭柱工程,φ12螺纹钢	t	0.029	4917.5	142.6075	
57	010515001005	现浇混凝土钢筋	圆锥亭柱工程,φ6箍筋	t	0.009	4917.5	44.2575	
58	010515001006	现浇混凝土钢筋	圆锥亭柱工程,φ4圆筋	t	0.005	4917.5	24.5875	
59	010101003005	挖基础土方	喷泉工程,挖循环水池基础,挖土厚度为1.7m	m³	3.42	41.69	142.58	
60	010404001005	垫层	喷泉工程,循环水池基础,3:7灰土垫层厚度为200mm	m³	0.4	115.35	46.14	
61	070101002001	贮水(油)池	喷泉工程,混凝土循环水池壁,内壁直径1m的圆形水池	m³	1.13	162.89	184.07	
62	070101001001	贮水(油)池	喷泉工程,混凝土循环水池底,直径1.4m的圆形水池池底	m³	0.31	139.41	43.22	

141

序号	项目编码	项目名称	项目特征描述	计量单位	工程量	金额(元)		
						综合单价	合价	其中:暂估价
63	010903003001	砂浆防水(潮)	喷泉工程,循环水池内壁,直径1m的圆形水池内壁	m²	5.50	23.47	129.09	
64	010103001005	土(石)方回填	喷泉循环水池工程,人工回填土,夯填,密实度达95%以上	m³	0.71	123.35	87.58	
65	010101003006	挖基础土方	喷泉工程,挖喷泉槽基础,挖土厚度为0.45m	m³	2.37	38.02	90.11	
66	010404001006	垫层	喷泉工程,喷泉槽基础,3:7灰土垫层厚度为100mm	m³	0.53	115.35	61.14	
67	070101002002	贮水(油)池	喷泉工程,混凝土喷泉槽壁,内壁宽0.3m的环形水槽	m³	0.76	162.89	123.80	
68	070101001002	贮水(油)池	喷泉工程,混凝土喷泉槽底,宽0.3m的环形水槽	m³	0.42	139.41	58.55	
69	010903003002	砂浆防水(潮)	喷泉工程,喷泉槽内壁,内壁宽0.3m的环形水池	m²	10.17	23.49	238.89	
70	010103001006	土(石)方回填	喷泉槽工程,人工回填土,夯填,密实度达95%以上	m³	0.36	144.32	51.96	
71	050306001001	喷泉管道	喷泉工程,主给水管道DN50,喷泉管道长8.5m	m	8.5	30.41	258.49	
72	050306001002	喷泉管道	喷泉工程,分水管道DN30,螺纹钢连接的焊接钢管,喷泉管道长8.36m	m	8.36	81.50	681.34	
73	050306001003	喷泉管道	喷泉工程,泄水管道DN100,螺纹钢连接的焊接钢管,喷泉管道长6.8m	m	6.8	66.04	449.07	
74	050306001004	喷泉管道	喷泉工程,溢水管道DN50,螺纹钢连接的焊接钢管,喷泉管道长1.2m	m	1.2	30.45	36.54	
75	050306003001	水下艺术装饰灯具	喷泉工程,水下密封型彩灯灯具	套	10	223.03	2230.30	
76	050306002001	喷泉电缆	喷泉工程,铝芯电缆,石棉水泥管保护	m	10.5	82.51	866.36	
77	050306004001	电气控制柜	喷泉工程,电气控制柜落地式安装	台	1	1345.40	1345.40	
78	050201001007	园路	喷泉广场工程,灰绿色花岗石贴面,20mm厚1:2水泥砂浆,200mm厚灰土垫层,素土夯实	m²	3.41	323.73	1103.92	

序号	项目编码	项目名称	项目特征描述	计量单位	工程量	金额(元)		
						综合单价	合价	其中:暂估价
79	050307018003	砖石砌小摆设	石球雕塑工程,底座为砖砌,雕塑为石材	个	1	1929.97	1929.97	
80	010502001001	矩形柱	汀步工程,汀步柱,宽0.12m,长600m,高0.2m	m³	1.51	350.49	529.24	
81	050307018003	砖石砌小摆设	汀步工程,青石汀步面,长0.7m,宽0.3m,厚0.1m	m³	2.21	6145.89	13582.42	
82	010101003007	挖基础土方	水池工程,挖水池基础,挖土厚度为0.4m	m³	122.79	16.05	1970.78	
83	010404001007	垫层	水池工程,水池基础,3:7灰土垫层厚度为100mm	m³	30.7	115.35	3541.25	
84	010103001007	土(石)方回填	水池工程,人工回填土,夯填,密实度达95%以上	m³	3.03	136.66	414.08	
85	070101001003	贮水(油)池	水池工程,混凝土水池池底	m³	41.69	599.31	24985.23	
86	070101002003	贮水(油)池	水池工程,混凝土水池池壁	m³	9.16	2566.02	23504.74	
87	010903003003	砂浆防水(潮)	水池工程,水池池底、池壁	m²	313.75	23.49	7369.9875	
88	010515001007	现浇混凝土钢筋	水池工程,钢筋混凝土池壁,φ8圆钢	t	0.618	4917.5	3039.015	
89	050305004001	现浇混凝土桌凳	现浇钢筋混凝土坐凳,长0.7m,宽0.3m	个	16	737.98	11807.68	
90	010101003008	挖基础土方	石灯工程,挖灯柱基础,挖土厚度为650mm	m³	6.39	86.63	553.5657	
91	010404001008	垫层	石灯工程,石灯柱基础,3:7灰土垫层厚度为150mm	m³	1.47	115.35	169.5645	
92	010501003004	独立基础	石灯工程,挖石灯柱基础,钢筋混凝土基础	m³	1.73	269.47	466.1831	
93	010103001008	土(石)方回填	石灯工程,人工回填土,夯填,密实度达95%以上	m³	3	128.64	385.92	
94	050307001001	石灯	2.1——石灯灯柱地面以上的高度;0.6——石灯灯头的长度	个	24.00	16.51	396.24	
95	011202002001	柱面装饰抹灰	石灯工程,石灯灯柱柱身抹水泥砂浆,10mm厚	m²	22.61	21.34	482.4974	
96	010515001008	现浇混凝土钢筋	石灯工程,钢筋混凝土灯柱,φ8直钢	t	0.104	4917.5	511.42	
97	010515001009	现浇混凝土钢筋	石灯工程,钢筋混凝土灯柱,φ4箍筋	t	0.017	4917.5	83.5975	
		合　计					411071.42	

5. 综合单价分析表

某小游园的综合单价分析表见表 5-5～表 5-101。

工程量清单综合单价分析表（1）　　　　　表 5-5

工程名称：某小游园工程　　　　　　标段：　　　　　　第 页 共 页

项目编码	050101010001		项目名称		整体绿化用地		计量单位		m²	

清单综合单价组成明细

定额编号	定额名称	定额单位	数量	单　价（元）				合　价（元）			
				人工费	材料费	机械费	管理费和利润	人工费	材料费	机械费	管理费和利润
1—121	平整场地	10m²	0.115	23.20	—		12.67	2.67	—	—	1.46
人工单价		小　计						2.67	—	—	1.46
37.00 元/工日		未计价材料费						—			
清单项目综合单价								4.13			

	主要材料名称、规格、型号			单位	数量	单价（元）	合价（元）	暂估单价（元）	暂估合价（元）
材料费明细									
	其他材料费					—		—	
	材料费小计					—		—	

工程量清单综合单价分析表（2）　　　　　表 5-6

工程名称：某小游园工程　　　　　　标段：　　　　　　第 页 共 页

项目编码	050102001001		项目名称		栽植乔木（合欢）		计量单位		株	

清单综合单价组成明细

定额编号	定额名称	定额单位	数量	单　价（元）				合　价（元）			
				人工费	材料费	机械费	管理费和利润	人工费	材料费	机械费	管理费和利润
3—118	栽植乔木（裸根）	10株	0.1	30.71	2.05		9.83	3.07	0.21	—	0.98
3—361	苗木养护	10株	0.1	70.63	28.79	35.94	22.60	7.06	2.88	3.59	2.26
人工单价		小　计						10.13	3.09	3.59	3.24
37.00 元/工日		未计价材料费						54.90			
清单项目综合单价								74.95			

	主要材料名称、规格、型号			单位	数量	单价（元）	合价（元）	暂估单价（元）	暂估合价（元）
材料费明细	合欢，胸径 6cm，裸根栽植			株	1.05	50.00	52.50		
	基肥			kg	0.16	15.00	2.40		
	其他材料费					—		—	
	材料费小计					—	54.90	—	

工程量清单综合单价分析表（3）　　　　　　　　　　　表 5-7

工程名称：某小游园工程　　　　　　　　标段：　　　　　　　　　第　页　共　页

项目编码	050102001002	项目名称		栽植乔木（法桐）			计量单位	株			

清单综合单价组成明细

定额编号	定额名称	定额单位	数量	单　价（元）				合　价（元）			
				人工费	材料费	机械费	管理费和利润	人工费	材料费	机械费	管理费和利润
3—123	栽植乔木（裸根）	10 株	0.1	308.21	12.30	52.66	98.63	3.08	1.23	5.27	9.86
3—362	苗木养护	10 株	0.1	96.27	36.30	43.05	20.81	9.65	3.63	4.31	2.08
人工单价			小　计					12.73	4.86	9.58	11.94
37.00 元/工日			未计价材料费					536.00			
清单项目综合单价								575.11			

	主要材料名称、规格、型号			单位	数量	单价（元）	合价（元）	暂估单价（元）	暂估合价（元）
材料费明细	法桐，胸径 15cm，裸根			株	1.1	460.00	506.00		
	基肥			kg	2.00	15.00	30.00		
	其他材料费					—		—	
	材料费小计					—	536.00	—	

工程量清单综合单价分析表（4）　　　　　　　　表 5-8

工程名称：某小游园工程　　　　　　　　标段：　　　　　　　　　第　页　共　页

项目编码	050102001003	项目名称		栽植乔木（香樟）			计量单位	株			

清单综合单价组成明细

定额编号	定额名称	定额单位	数量	单　价（元）				合　价（元）			
				人工费	材料费	机械费	管理费和利润	人工费	材料费	机械费	管理费和利润
3—120	栽植乔木（裸根）	10 株	0.1	92.50	4.10	—	29.60	9.25	0.41	—	2.96
3—365	苗木养护	10 株	0.1	39.15	28.79	34.68	12.53	3.92	2.88	3.47	1.25
人工单价			小　计					13.17	3.29	3.47	4.21
37.00 元/工日			未计价材料费					348.00			
清单项目综合单价								372.14			

	主要材料名称、规格、型号			单位	数量	单价（元）	合价（元）	暂估单价（元）	暂估合价（元）
材料费明细	香樟，胸径 10cm，裸根			株	1.05	320.00	336.00		
	基肥			kg	0.80	15.00	12.00		
	其他材料费					—		—	
	材料费小计					—	348.00	—	

工程量清单综合单价分析表（5）

表 5-9

工程名称：某小游园工程　　　　　　　　标段：　　　　　　　　　　第 页 共 页

| 项目编码 | 050102001004 | 项目名称 | 栽植乔木(黄山栾树) | 计量单位 | 株 | | |

清单综合单价组成明细

定额编号	定额名称	定额单位	数量	单　价（元）				合　价（元）			
				人工费	材料费	机械费	管理费和利润	人工费	材料费	机械费	管理费和利润
3—120	栽植乔木（裸根）	10株	0.1	92.50	4.10	—	29.60	9.25	0.41	—	2.96
3—361	苗木养护	10株	0.1	70.63	28.79	35.94	22.60	7.06	2.88	3.59	2.26
人工单价			小　计					16.31	3.29	3.59	5.22
37.00 元/工日			未计价材料费					274.50			
		清单项目综合单价						302.91			

	主要材料名称、规格、型号			单位	数量	单价（元）	合价（元）	暂估单价（元）	暂估合价（元）
材料费明细	黄山栾树,胸径 10cm,裸根			株	1.05	250.00	262.50		
	基肥			kg	0.8	15.00	12.00		
	其他材料费					—		—	
	材料费小计					—	274.50	—	

工程量清单综合单价分析表（6）

表 5-10

工程名称：某小游园工程　　　　　　　　标段：　　　　　　　　　　第 页 共 页

| 项目编码 | 050102001005 | 项目名称 | 栽植乔木(大叶女贞) | 计量单位 | 株 | | |

清单综合单价组成明细

定额编号	定额名称	定额单位	数量	单　价（元）				合　价（元）			
				人工费	材料费	机械费	管理费和利润	人工费	材料费	机械费	管理费和利润
3—119	栽植乔木（裸根）	10株	0.1	52.91	3.08	—	16.93	5.29	0.31	—	1.69
3—356	苗木养护	10株	0.1	39.15	28.79	34.68	7.05	3.92	2.88	3.47	0.71
人工单价			小　计					9.21	3.19	3.47	2.40
37.00 元/工日			未计价材料费					261.00			
		清单项目综合单价						279.27			

	主要材料名称、规格、型号			单位	数量	单价（元）	合价（元）	暂估单价（元）	暂估合价（元）
材料费明细	大叶女贞,胸径 8cm,裸根栽植			株	1.05	240.00	252.00		
	基肥			kg	0.6	15.00	9.00		
	其他材料费					—		—	
	材料费小计					—	261.00	—	

工程量清单综合单价分析表（7）　　　　　表 5-11

工程名称：某小游园工程　　　　　　　　标段：　　　　　　　　第　页　共　页

| 项目编码 | 050102002001 | 项目名称 | 栽植灌木（金叶女贞） | 计量单位 | 株 | | |

清单综合单价组成明细

定额编号	定额名称	定额单位	数量	单价（元）				合价（元）			
				人工费	材料费	机械费	管理费和利润	人工费	材料费	机械费	管理费和利润
3—143	栽植灌木（带土球）	10 株	0.1	247.90	6.15	—	79.33	24.79	0.62	—	7.93
3—368	苗木养护	10 株	0.1	12.88	15.06	15.03	4.12	1.29	1.51	1.50	0.41
人工单价			小　计					26.08	2.13	1.50	8.34
37.00 元/工日			未计价材料费					24.60			
清单项目综合单价								62.65			

	主要材料名称、规格、型号	单位	数量	单价（元）	合价（元）	暂估单价（元）	暂估合价（元）
材料费明细	金叶女贞，高 1.2m	株	1.05	12.00	12.60		
	基肥	kg	0.8	15.00	12.00		
	其他材料费			—		—	
	材料费小计			—	24.60	—	

工程量清单综合单价分析表（8）　　　　　表 5-12

工程名称：某小游园工程　　　　　　　　标段：　　　　　　　　第　页　共　页

| 项目编码 | 050102001006 | 项目名称 | 栽植乔木（桧柏） | 计量单位 | 株 | | |

清单综合单价组成明细

定额编号	定额名称	定额单位	数量	单价（元）				合价（元）			
				人工费	材料费	机械费	管理费和利润	人工费	材料费	机械费	管理费和利润
3—116	栽植乔木（裸根）	10 株	0.1	4.22	0.41	—	1.35	0.42	0.04	—	0.14
3—361	苗木养护	10 株	0.1	70.63	28.79	35.94	22.60	7.06	2.88	3.59	2.26
人工单价			小　计					7.48	2.92	3.59	2.40
37.00 元/工日			未计价材料费					71.85			
清单项目综合单价								88.24			

	主要材料名称、规格、型号	单位	数量	单价（元）	合价（元）	暂估单价（元）	暂估合价（元）
材料费明细	桧柏，胸径 1.5cm，裸根	株	1.05	57.00	59.85		
	基肥	kg	0.8	15.00	12.00		
	其他材料费			—		—	
	材料费小计			—	71.85	—	

工程量清单综合单价分析表（9）　　　　　　表 5-13

工程名称：某小游园工程　　　　　　　　标段：　　　　　　　　第　页　共　页

| 项目编码 | 050102008001 | 项目名称 | | 栽植花卉（月季） | | 计量单位 | m² | | |

清单综合单价组成明细

定额编号	定额名称	定额单位	数量	单　价（元）				合　价（元）			
				人工费	材料费	机械费	管理费和利润	人工费	材料费	机械费	管理费和利润
3—197	露地花卉栽植	10m²	0.1	49.21	1.80	—	15.75	4.92	0.18	—	1.58
3—400	苗木养护	10m²	0.1	3.18	7.68	3.85	1.02	0.32	0.77	0.39	0.10
人工单价		小　计						5.24	0.95	0.39	1.68
37.00 元/工日		未计价材料费						2.75			
清单项目综合单价								11.01			

材料费明细	主要材料名称、规格、型号	单位	数量	单价（元）	合价（元）	暂估单价（元）	暂估合价（元）
	月季，露地栽植花卉，二年生	m²	1.02	2.25	2.30		
	基肥	kg	0.03	15.00	0.45		
	其他材料费			—		—	
	材料费小计			—	2.75		

工程量清单综合单价分析表（10）　　　　　　表 5-14

工程名称：某小游园工程　　　　　　　　标段：　　　　　　　　第　页　共　页

| 项目编码 | 050102007001 | 项目名称 | | 栽植色带（紫叶小檗） | | 计量单位 | m² | | |

清单综合单价组成明细

定额编号	定额名称	定额单位	数量	单　价（元）				合　价（元）			
				人工费	材料费	机械费	管理费和利润	人工费	材料费	机械费	管理费和利润
3—171	栽植片植绿篱、小灌木及地被	10m²	0.1	59.57	1.56	—	19.06	5.96	0.16	—	1.91
3—382	苗木养护	10m²	0.1	11.62	11.62	5.83	3.72	1.16	0.58	0.37	0.12
人工单价		小　计						7.12	0.74	0.37	2.03
37.00 元/工日		未计价材料费						2.12			
清单项目综合单价								12.38			

材料费明细	主要材料名称、规格、型号	单位	数量	单价（元）	合价（元）	暂估单价（元）	暂估合价（元）
	紫叶小檗	m²	1.02	1.20	1.22		
	基肥	kg	0.06	15.00	0.90		
	其他材料费			—		—	
	材料费小计			—	2.12		

工程量清单综合单价分析表（11）

表 5-15

工程名称：某小游园工程　　　　　　　　　标段：　　　　　　　　　第　页　共　页

| 项目编码 | 050102005001 | 项目名称 | | 栽植绿篱(火棘) | | 计量单位 | | m | | |

清单综合单价组成明细

定额编号	定额名称	定额单位	数量	单　价（元）				合　价（元）			
				人工费	材料费	机械费	管理费和利润	人工费	材料费	机械费	管理费和利润
3—160	栽植单排绿篱	10m²	0.1	12.58	1.64	—	4.02	1.26	0.16	—	0.40
3—377	苗木养护	10m²	0.1	8.44	9.78	3.38	2.70	0.84	0.98	0.34	0.27
人工单价			小　计					2.10	1.14	0.34	0.67
37.00 元/工日		未计价材料费						7.30			
清单项目综合单价								11.55			

	主要材料名称、规格、型号		单位	数量	单价（元）	合价（元）	暂估单价（元）	暂估合价（元）
材料费明细	火棘，单排绿篱，高 0.7cm		m²	3.06	1.65	5.05		
	基肥		kg	0.15	15.00	2.25		
	其他材料费					—		
	材料费小计					—	7.30	—

工程量清单综合单价分析表（12）

表 5-16

工程名称：某小游园工程　　　　　　　　　标段：　　　　　　　　　第　页　共　页

| 项目编码 | 050102008002 | 项目名称 | | 栽植花卉(金钟连翘) | | 计量单位 | | m² | | |

清单综合单价组成明细

定额编号	定额名称	定额单位	数量	单　价（元）				合　价（元）			
				人工费	材料费	机械费	管理费和利润	人工费	材料费	机械费	管理费和利润
3—196	露地花卉栽植	10 株	0.1	59.57	1.56	—	19.06	5.96	0.16	—	1.91
3—400	苗木养护	10 株	0.1	3.18	7.68	3.85	1.02	0.32	0.77	0.39	0.10
人工单价			小　计					6.28	0.93	0.39	2.01
37.00 元/工日		未计价材料费						1.27			
清单项目综合单价								10.88			

	主要材料名称、规格、型号		单位	数量	单价（元）	合价（元）	暂估单价（元）	暂估合价（元）
材料费明细	金钟连翘，露地栽植花卉，二年生		m²	1.02	0.80	0.82		
	基肥		kg	0.03	15.00	0.45		
	其他材料费					—		
	材料费小计					—	1.27	

工程量清单综合单价分析表（13）   表 5-17

工程名称：某小游园工程　　　　　　标段：　　　　　　　第 页 共 页

| 项目编码 | 050102001007 | 项目名称 | 栽植乔木(紫荆) | 计量单位 | 株 | |

清单综合单价组成明细

定额编号	定额名称	定额单位	数量	单价（元）				合价（元）			
				人工费	材料费	机械费	管理费和利润	人工费	材料费	机械费	管理费和利润
3—118	栽植乔木（裸根）	10株	0.1	30.71	2.05	—	9.83	3.07	0.21	—	0.98
3—361	苗木养护	10株	0.1	70.63	28.79	35.94	22.60	7.06	2.88	3.59	2.26
人工单价			小　计					10.13	3.09	3.59	3.24
37.00 元/工日			未计价材料费					7.86			
清单项目综合单价								27.91			

材料费明细	主要材料名称、规格、型号			单位	数量	单价（元）	合价（元）	暂估单价（元）	暂估合价（元）
	紫荆，胸径 6cm,裸根栽植			株	1.05	5.20	5.46		
	基肥			kg	0.16	15.00	2.40		
	其他材料费					—		—	
	材料费小计					—	7.86		

工程量清单综合单价分析表（14）   表 5-18

工程名称：某小游园工程　　　　　　标段：　　　　　　　第 页 共 页

| 项目编码 | 050102013001 | 项目名称 | 喷播植草(高羊茅) | 计量单位 | m² | |

清单综合单价组成明细

定额编号	定额名称	定额单位	数量	单价（元）				合价（元）			
				人工费	材料费	机械费	管理费和利润	人工费	材料费	机械费	管理费和利润
3—216	喷播植草	10m²	0.1	18.65	7.15	20.20	5.97	1.87	0.72	2.02	0.60
3—405	苗木养护	10m²	0.1	16.54	8.64	24.87	5.30	1.65	0.86	2.49	0.53
人工单价			小　计					3.52	1.58	2.49	1.13
37.00 元/工日			未计价材料费					0.13			
清单项目综合单价								8.85			

材料费明细	主要材料名称、规格、型号			单位	数量	单价（元）	合价（元）	暂估单价（元）	暂估合价（元）
	种子(高羊茅)			m²	0.035	3.70	0.13		
	其他材料费					—		—	
	材料费小计					—	0.13		

工程量清单综合单价分析表（15）

表 5-19

工程名称：某小游园工程　　　　　　　　标段：　　　　　　　　第　页　共　页

项目编码	050102009001	项目名称	栽植水生植物（睡莲）	计量单位	丛	

清单综合单价组成明细

定额编号	定额名称	定额单位	数量	单价（元）				合价（元）			
				人工费	材料费	机械费	管理费和利润	人工费	材料费	机械费	管理费和利润
3—191	栽种水生植物（睡莲）	10株	0.1	82.14	99.75	—	26.29	8.21	9.98		2.63
3—393	苗木养护	10株	0.1	51.80	29.84	1.54	16.57	5.18	2.98	0.15	1.66
人工单价			小　计					13.39	12.96	3.59	4.29
37.00元/工日			未计价材料费					9.15			
清单项目综合单价								43.38			

	主要材料名称、规格、型号			单位	数量	单价（元）	合价（元）	暂估单价（元）	暂估合价（元）
材料费明细	睡莲			株	1.05	8.00	8.40		
	基肥			kg	0.05	15.00	0.75		
	其他材料费						—	—	
	材料费小计						—	9.15	—

工程量清单综合单价分析表（16）

表 5-20

工程名称：某小游园工程　　　　　　　　标段：　　　　　　　　第　页　共　页

项目编码	050102006001	项目名称	栽植攀缘植物	计量单位	株	

清单综合单价组成明细

定额编号	定额名称	定额单位	数量	单价（元）				合价（元）			
				人工费	材料费	机械费	管理费和利润	人工费	材料费	机械费	管理费和利润
3—188	栽植攀缘植物（木香）	10株	0.1	27.71	1.23	—	8.87	2.77	0.12		0.89
3—394	苗木养护	10株	0.1	6.66	9.49	7.35	2.13	0.67	0.95	0.74	0.21
人工单价			小　计					3.44	1.07	3.59	1.10
37.00元/工日			未计价材料费					11.97			
清单项目综合单价								21.17			

	主要材料名称、规格、型号			单位	数量	单价（元）	合价（元）	暂估单价（元）	暂估合价（元）
材料费明细	木香			株	1.02	11.00	11.22		
	基肥			kg	0.05	15.00	0.75		
	其他材料费						—	—	
	材料费小计						—	11.97	—

工程量清单综合单价分析表（17）　　　　　　　　表 5-21

工程名称：某小游园工程　　　　　　　标段：　　　　　　　第　页　共　页

项目编码	050201001001	项目名称		园路		计量单位		m²	

清单综合单价组成明细

定额编号	定额名称	定额单位	数量	单　价（元）				合　价（元）			
				人工费	材料费	机械费	管理费和利润	人工费	材料费	机械费	管理费和利润
3—491	园路土基整理路床	10m²	0.103	16.65	—	—	5.33	1.71	—		0.55
3—496	基础垫层（混凝土）	m³	0.051	67.34	159.42	10.48	21.55	3.45	8.17	0.54	1.10
3—494	基础垫层（2：8灰土）	m³	0.184	35.15	54.95	1.50	11.25	6.48	10.14	0.28	2.08
1—846	抹水泥砂浆（零星项目）	10m²	0.103	146.08	42.69	5.48	83.36	14.97	4.38	0.28	8.55
3—502	预制混凝土大块面层	10m²	0.1	92.50	627.08	—	29.60	9.25	62.71	—	2.96
人工单价			小　计					35.87	85.39	85.39	15.23
37.00 元/工日			未计价材料费					—			
清单项目综合单价								221.88			

主要材料名称、规格、型号	单位	数量	单价（元）	合价（元）	暂估单价（元）	暂估合价（元）
C10 混凝土 40mm 厚,强度等级为 32.5	m³	0.05226	154.28	8.06		
水	m³	0.09756	4.10	0.40		
2：8 灰土	m³	0.18633	53.59	9.99		
1：2 水泥砂浆	m³	0.00841	221.77	1.86		
1：3 水泥砂浆	m³	0.01261	182.43	2.30		
801 胶素水泥浆	m³	0.00021	495.03	0.10		
山砂	t	0.0842	33.00	2.78		
预制混凝土道板（矩形）	m³	0.102	585.00	59.67		
其他材料费			—	0.23		
材料费小计			—	85.39		

材料费明细

工程量清单综合单价分析表（18）　　　　　　　　表 5-22

工程名称：某小游园工程　　　　　　　标段：　　　　　　　第　页　共　页

项目编码	050201001002	项目名称		园路		计量单位		m²	

清单综合单价组成明细

定额编号	定额名称	定额单位	数量	单　价（元）				合　价（元）			
				人工费	材料费	机械费	管理费和利润	人工费	材料费	机械费	管理费和利润
3—491	园路土基整理路床	10m²	0.15	16.65	—	—	5.33	2.50	—		0.80
3—493	基础垫层（3：7灰土）	m³	0.225	37.00	64.97	1.60	11.84	8.33	14.63	0.36	2.67

续表

清单综合单价组成明细

定额编号	定额名称	定额单位	数量	单价（元）				合价（元）			
				人工费	材料费	机械费	管理费和利润	人工费	材料费	机械费	管理费和利润
3—495	基础垫层（碎石）	m³	0.15	27.01	60.23	1.20	8.64	4.05	9.04	0.18	1.30
3—496	基础垫层（混凝土）	m³	0.15	67.34	159.42	10.48	21.55	10.11	23.93	1.57	3.23
1—756+2×1—757	30mm 厚水泥砂浆找平层	m³	0.15	43.52	55.70	7.81	28.21	6.53	8.36	1.17	4.23
3—519	花岗石板	10m²	0.1	179.45	2629.4	14.73	57.42	17.95	262.94	1.47	5.74
人工单价		小　　计						49.47	318.89	4.76	17.97
37.00 元/工日		未计价材料费						—			
清单项目综合单价								391.08			

主要材料名称、规格、型号	单位	数量	单价（元）	合价（元）	暂估单价（元）	暂估合价（元）
3：7 灰土	m³	0.22737	63.51	14.44		
碎石 5～40mm	t	0.24763	36.50	9.04		
C10 混凝土 40mm 厚,强度等级为 32.5	m³	0.15308	154.28	23.62		
1：3 水泥砂浆	m³	0.035	182.43	6.39		
1：2 水泥砂浆	m³	0.0085	221.77	1.89		
1：3 水泥砂浆	m³	0.01322	182.43	2.41		
801 胶素水泥浆	m³	0.00021	495.03	0.10		
花岗石板厚 50mm 以内	m²	1.02	250.00	255.00		
水泥,强度等级为 32.5	kg	4.6	0.30	1.38		
白水泥	kg	0.1	0.52	0.05		
干硬性水泥砂浆	m³	0.0303	167.12	5.06		
素水泥浆	m³	0.001	457.23	0.46		
锯（木）屑	m³	0.006	10.45	0.06		
棉纱头	kg	0.01	5.30	0.05		
合金钢切割锯片	片	0.0042	61.75	0.26		
水	m³	0.03	4.10	0.12		
其他材料费			—	0.50	—	
材料费小计			—	318.89		

工程量清单综合单价分析表（19）　　　　表 5-23

工程名称：某小游园工程　　　　标段：　　　　第 页 共 页

项目编码	050201001003	项目名称		园路		计量单位	m²	

清单综合单价组成明细

定额编号	定额名称	定额单位	数量	单价（元）				合价（元）			
				人工费	材料费	机械费	管理费和利润	人工费	材料费	机械费	管理费和利润
3—491	园路土基整理路床	10m²	0.1	16.65	—	—	5.33	1.66	—		0.53

清单综合单价组成明细

定额编号	定额名称	定额单位	数量	单价（元）				合价（元）			
				人工费	材料费	机械费	管理费和利润	人工费	材料费	机械费	管理费和利润
3—493	基础垫层（3：7灰土）	m³	0.25	37.00	64.97	1.60	11.84	9.25	16.24	0.40	2.96
3—492	基础垫层（砂）	m³	0.05	18.50	57.59	0.90	5.92	0.93	2.88	0.05	0.30
3—503	预制混凝土假冰片面层	10m²	0.1	149.85	363.43	—	47.96	14.98	36.34	—	4.80
人工单价		小　计						26.82	55.46	0.44	8.58
37.00元/工日		未计价材料费						3.75			
清单项目综合单价								95.06			

材料费明细	主要材料名称、规格、型号	单位	数量	单价（元）	合价（元）	暂估单价（元）	暂估合价（元）
	M5水泥砂浆	m³	0.03	125.10	3.75		
	其他材料费			—		—	
	材料费小计			—	3.75	—	

工程量清单综合单价分析表（20）　　　　　　　　表 5-24

工程名称：某小游园工程　　　　　　标段：　　　　　　第　页　共　页

项目编码	050201001004	项目名称	园路	计量单位	m²

清单综合单价组成明细

定额编号	定额名称	定额单位	数量	单价（元）				合价（元）			
				人工费	材料费	机械费	管理费和利润	人工费	材料费	机械费	管理费和利润
3—491	园路土基整理路床	10m²	0.1	16.65	—	—	5.33	1.67	—	—	0.53
3—493	基础垫层（3：7灰土）	m³	0.25	37.00	64.97	1.60	11.84	9.25	16.24	0.40	2.96
3—492	基础垫层（砂）	m³	0.05	18.50	57.59	0.90	5.92	0.93	2.88	0.05	0.30
3—514	高强度透水型混凝土路面砖，200mm×100mm×60mm	10m²	0.1	69.93	418.58	11.20	22.38	6.99	41.86	1.12	2.24
人工单价		小　计						18.83	60.99	1.57	6.03
37.00元/工日		未计价材料费						5.06			
清单项目综合单价								92.47			

材料费明细	主要材料名称、规格、型号	单位	数量	单价（元）	合价（元）	暂估单价（元）	暂估合价（元）
	干硬性水泥砂浆	m³	0.0303	167.00	5.06		
	其他材料费			—		—	
	材料费小计			—	5.50	—	

工程量清单综合单价分析表（21）　　　　　　　表 5-25

工程名称：某小游园工程　　　　　　　　　标段：　　　　　　　　第 页 共 页

项目编码	050201001005	项目名称	园路	计量单位	m²

清单综合单价组成明细

定额编号	定额名称	定额单位	数量	单　价（元）				合　价（元）			
				人工费	材料费	机械费	管理费和利润	人工费	材料费	机械费	管理费和利润
3—491	园路土基整理路床	10m²	0.1	16.65	—	—	5.33	1.67	—	—	0.53
3—493	基础垫层（3：7灰土）	m³	0.25	37.00	64.97	1.60	11.84	9.25	16.24	0.40	2.96
3—492	基础垫层（砂）	m³	0.05	18.50	57.59	0.90	5.92	0.93	2.88	0.05	0.30
3—517	广场砖（无图案）		0.1	117.29	357.27	12.18	37.53	11.73	35.73	1.22	3.75
人工单价			小　计					23.58	54.85	1.67	7.54
37.00 元/工日			未计价材料费					—			
		清单项目综合单价						87.63			

	主要材料名称、规格、型号	单位	数量	单价（元）	合价（元）	暂估单价（元）	暂估合价（元）
材料费明细	3：7灰土	m³	0.25251	63.51	16.04		
	山砂	m³	0.08543	33.00	2.82		
	广场砖	m²	1.02	28.50	29.07		
	1：1水泥砂浆	m³	0.0029	267.49	0.78		
	φ110 砂轮片	片	0.0015	11.60	0.02		
	1：2水泥砂浆	m³	0.0087	221.77	1.93		
	1：3水泥砂浆	m³	0.0202	182.43	3.69		
	棉纱头	kg	0.02	5.30	0.11		
	水	m³	0.1	4.10	0.41		
	其他材料费			—		—	
	材料费小计			—	54.85	—	

工程量清单综合单价分析表（22）　　　　　　　表 5-26

工程名称：某小游园工程　　　　　　　　　标段：　　　　　　　　第 页 共 页

项目编码	050201001006	项目名称	园路	计量单位	m²

清单综合单价组成明细

定额编号	定额名称	定额单位	数量	单　价（元）				合　价（元）			
				人工费	材料费	机械费	管理费和利润	人工费	材料费	机械费	管理费和利润
3—491	园路土基整理路床	10m²	0.1	16.65	—	—	5.33	1.67	—	—	0.53
3—493	基础垫层（3：7灰土）	m³	0.25	37.00	64.97	1.60	11.84	9.25	16.24	0.40	2.96
3—492	基础垫层（砂）	m³	0.05	18.50	57.59	0.90	5.92	0.93	2.88	0.05	0.30
3—514	高强度透水型混凝土路面砖，200mm×100mm×60mm	10m²	0.1	69.93	418.58	11.20	22.38	6.99	41.86	1.12	2.24

续表

清单综合单价组成明细

定额编号	定额名称	定额单位	数量	单价(元)				合价(元)			
				人工费	材料费	机械费	管理费和利润	人工费	材料费	机械费	管理费和利润
	人工单价			小 计				18.83	60.99	1.57	6.03
37.00元/工日				未计价材料费				5.06			
	清单项目综合单价							92.47			

材料费明细	主要材料名称、规格、型号	单位	数量	单价(元)	合价(元)	暂估单价(元)	暂估合价(元)
	干硬性水泥砂浆	m³	0.0303	167.00	5.06		
	其他材料费			—		—	
	材料费小计			—	5.06	—	

工程量清单综合单价分析表 (23)

表 5-27

工程名称：某小游园工程　　　　　标段：　　　　　第 页 共 页

项目编码	050201003001	项目名称	路牙铺设	计量单位	10m

清单综合单价组成明细

定额编号	定额名称	定额单位	数量	单价(元)				合价(元)			
				人工费	材料费	机械费	管理费和利润	人工费	材料费	机械费	管理费和利润
3—525	花岗石路牙	10m	0.1	41.44	724.41	16.91	13.26	4.14	72.44	1.69	1.33
	人工单价			小 计				4.14	72.44	1.69	1.33
37.00元/工日				未计价材料费				—			
	清单项目综合单价							79.60			

材料费明细	主要材料名称、规格、型号	单位	数量	单价(元)	合价(元)	暂估单价(元)	暂估合价(元)
	花岗石路牙,100mm×200mm	m	1.01	70.00	70.70		
	1:2水泥砂浆	m³	0.0004	221.77	0.09		
	1:3水泥砂浆	m³	0.003	182.43	0.55		
	碎石,5~40mm厚	t	0.02	36.50	0.73		
	水	m³	0.001	4.10	0.004		
	合金钢切割锯片	片	0.006	61.75	0.37		
	其他材料费			—		—	
	材料费小计			—	72.44	—	

工程量清单综合单价分析表 (24)

表 5-28

工程名称：某小游园工程　　　　　标段：　　　　　第 页 共 页

项目编码	010101003001	项目名称	挖基础土方	计量单位	m³

清单综合单价组成明细

定额编号	定额名称	定额单位	数量	单价(元)				合价(元)			
				人工费	材料费	机械费	管理费和利润	人工费	材料费	机械费	管理费和利润
1—50	人工挖地坑,二类土	m³	2.91	13.84	—	—	7.61	40.27	—	—	22.14
1—123	原土打底夯	m³	0.038	4.88	—	1.93	3.75	0.18	—	0.07	0.14
	人工单价			小 计				40.46		0.07	22.29
37.00元/工日				未计价材料费				—			
	清单项目综合单价							62.82			

清单综合单价组成明细

定额编号	定额名称	定额单位	数量	单　价（元）				合　价（元）			
				人工费	材料费	机械费	管理费和利润	人工费	材料费	机械费	管理费和利润
材料费明细	主要材料名称、规格、型号						单位	数量	单价（元）	合价（元）	暂估单价（元）	暂估合价（元）
	其他材料费						—		—		—
	材料费小计						—		—		—

工程量清单综合单价分析表（25）　　　表5-29

工程名称：某小游园工程　　　　　　　标段：　　　　　　　第　页　共　页

项目编码	010404001001	项目名称	垫层	计量单位	m³

清单综合单价组成明细

定额编号	定额名称	定额单位	数量	单　价（元）				合　价（元）			
				人工费	材料费	机械费	管理费和利润	人工费	材料费	机械费	管理费和利润
1—162	基础垫层（3：7灰土）	m³	1	31.34	64.97	1.16	17.88	31.34	64.97	1.16	17.88
	人工单价			小　计				31.34	64.97	1.16	17.88
	37.00 元/工日			未计价材料费				—			
	清单项目综合单价							115.35			

材料费明细	主要材料名称、规格、型号	单位	数量	单价（元）	合价（元）	暂估单价（元）	暂估合价（元）
	3：7灰土	m³	1.01	63.51	64.15		
	水	m³	0.2	4.10	0.82		
	其他材料费			—			
	材料费小计			—	64.97		

工程量清单综合单价分析表（26）　　　表5-30

工程名称：某小游园工程　　　　　　　标段：　　　　　　　第　页　共　页

项目编码	010501001001	项目名称	垫层	计量单位	m³

清单综合单价组成明细

定额编号	定额名称	定额单位	数量	单　价（元）				合　价（元）			
				人工费	材料费	机械费	管理费和利润	人工费	材料费	机械费	管理费和利润
1—170	基础垫层（混凝土自拌）	m³	1	60.83	160.23	4.75	36.07	60.82	160.23	4.75	36.07
	人工单价			小　计				60.82	160.23	4.75	36.07
	37.00 元/工日			未计价材料费				—			
	清单项目综合单价							261.87			

材料费明细	主要材料名称、规格、型号	单位	数量	单价（元）	合价（元）	暂估单价（元）	暂估合价（元）
	C15 混凝土 40mm 厚，强度等级为 32.5	m³	1.01	156.61	158.18		
	水	m³	0.5	4.10	2.05		
	其他材料费						
	材料费小计			—	160.23		

工程量清单综合单价分析表（27）　　　　表 5-31

工程名称：某小游园工程　　　　标段：　　　　第　页　共　页

| 项目编码 | 010501003001 | 项目名称 | | 独立基础 | | 计量单位 | | m³ | |

清单综合单价组成明细

定额编号	定额名称	定额单位	数量	单价（元）				合价（元）			
				人工费	材料费	机械费	管理费和利润	人工费	材料费	机械费	管理费和利润
1—275	柱承台独立基础	m³	1	33.30	182.89	22.56	30.72	33.30	182.89	22.56	30.72
人工单价			小　计					33.30	182.89	22.56	30.72
37.00 元/工日			未计价材料费					—			
清单项目综合单价								269.47			

	主要材料名称、规格、型号			单位	数量	单价（元）	合价（元）	暂估单价（元）	暂估合价（元）
材料费明细	C20 混凝土 40mm　厚，强度等级为 32.5			m³	1.015	175.90	178.54		
	塑料薄膜			m²	0.81	0.86	0.70		
	水			m³	0.89	4.10	3.65		
	其他材料费					—		—	
	材料费小计					—	182.89	—	

工程量清单综合单价分析表（28）　　　　表 5-32

工程名称：某小游园工程　　　　标段：　　　　第　页　共　页

| 项目编码 | 010103001001 | 项目名称 | | 土(石)方回填 | | 计量单位 | | m³ | |

清单综合单价组成明细

定额编号	定额名称	定额单位	数量	单价（元）				合价（元）			
				人工费	材料费	机械费	管理费和利润	人工费	材料费	机械费	管理费和利润
1—127	回填土，基(槽)坑	m³	11	11.40	—	1.30	6.98	125.40	—	14.30	76.78
人工单价			小　计					125.40	—	14.30	76.78
37.00 元/工日			未计价材料费					—			
清单项目综合单价								216.48			

	主要材料名称、规格、型号			单位	数量	单价（元）	合价（元）	暂估单价（元）	暂估合价（元）
材料费明细									
	其他材料费					—		—	
	材料费小计					—		—	

工程量清单综合单价分析表（29）　　　　　表5-33

工程名称：某小游园工程　　　　　　标段：　　　　　　　　第 页 共 页

项目编码	050304001001	项目名称	现浇混凝土花架柱、梁	计量单位	m³	

清单综合单价组成明细

定额编号	定额名称	定额单位	数量	单 价（元）				合 价（元）			
				人工费	材料费	机械费	管理费和利润	人工费	材料费	机械费	管理费和利润
1-429	圆形柱（自拌）	m³	1	64.75	212.76	17.22	45.09	64.75	212.76	17.22	45.09
1-850	柱、梁抹水泥砂浆（混凝土柱、梁）	10m²	0.806	131.87	44.94	5.87	75.76	106.23	36.20	4.73	61.03
	人工单价		小　　计					170.98	248.96	21.95	106.12
37.00元/工日			未计价材料费					—			
	清单项目综合单价							299.05			

材料费明细	主要材料名称、规格、型号	单位	数量	单价（元）	合价（元）	暂估单价（元）	暂估合价（元）
	C25 混凝土 20mm 厚,强度等级为 32.5	m³	1.0515	203.37	213.84		
	1:3 水泥砂浆	m³	0.10956	182.43	19.99		
	塑料薄膜	m²	1.17	0.86	1.01		
	水	m³	1.3	4.10	5.33		
	1:2.5 水泥砂浆	m³	0.06928	207.03	14.34		
	801 胶素水泥浆	m³	0.00322	495.03	1.60		
	其他材料费			—		—	
	材料费小计			—	248.96	—	

工程量清单综合单价分析表(30)　　　　　表5-34

工程名称：某小游园工程　　　　　　标段：　　　　　　　　第 页 共 页

项目编码	050304001002	项目名称	现浇混凝土花架柱、梁	计量单位	m³	

清单综合单价组成明细

定额编号	定额名称	定额单位	数量	单 价（元）				合 价（元）			
				人工费	材料费	机械费	管理费和利润	人工费	材料费	机械费	管理费和利润
1-432	矩形梁（自拌）	m³	1	42.62	204.88	18.43	33.58	42.62	204.88	18.43	33.58
	人工单价		小　　计					42.62	204.88	18.43	33.58
37.00元/工日			未计价材料费					—			
	清单项目综合单价							299.51			

材料费明细	主要材料名称、规格、型号	单位	数量	单价（元）	合价（元）	暂估单价（元）	暂估合价（元）
	C25 混凝土 31.5mm 厚,强度等级为 32.5	m³	1.015	195.79	198.73		
	塑料薄膜	m²	0.77	0.86	0.66		
	水	m³	1.34	4.10	5.49		
	其他材料费			—		—	
	材料费小计			—	204.88	—	

工程量清单综合单价分析表（31）　　　　　　　　　表 5-35

工程名称：某小游园工程　　　　　　　　标段：　　　　　　　第　页　共　页

项目编码	050304001003	项目名称	现浇混凝土花架柱、梁	计量单位	m³

清单综合单价组成明细

定额编号	定额名称	定额单位	数量	单价（元）				合价（元）			
				人工费	材料费	机械费	管理费和利润	人工费	材料费	机械费	管理费和利润
1—356	小型构件（自拌）	m³	1	108.34	216.95	13.33	66.92	108.34	216.95	13.33	66.92
人工单价		小　计						108.34	216.95	13.33	66.92
37.00 元/工日		未计价材料费						—			
清单项目综合单价								188.59			

材料费明细	主要材料名称、规格、型号				单位	数量	单价（元）	合价（元）	暂估单价（元）	暂估合价（元）
	C25 混凝土 20mm 厚，强度等级为 32.5				m³	1.015	203.37	206.42		
	塑料薄膜				m²	3.75	0.86	3.23		
	水				m³	1.78	4.10	7.30		
	其他材料费						—			
	材料费小计						—	216.95		

工程量清单综合单价分析表（32）　　　　　　　　　表 5-36

工程名称：某小游园工程　　　　　　　　标段：　　　　　　　第　页　共　页

项目编码	011102003001	项目名称	块料楼地面	计量单位	m²

清单综合单价组成明细

定额编号	定额名称	定额单位	数量	单价（元）				合价（元）			
				人工费	材料费	机械费	管理费和利润	人工费	材料费	机械费	管理费和利润
1—122	原土打底夯（地面）	10m²	0.1	4.07	—	1.16	2.88	0.41		0.12	0.29
1—170	基础垫层（混凝土自拌）	m³	0.1	60.83	160.23	4.75	36.07	6.08	16.02	0.48	3.61
1—756	水泥砂浆（厚 20mm）	m³	0.1	31.08	37.10	5.21	19.95	3.11	3.71	0.52	2.00
1—771	大理石（楼地面）	10m²	0.1	177.16	1603	10.45	103.18	17.72	160.30	1.05	10.32
人工单价		小　计						27.31	180.03	2.27	16.21
37.00 元/工日		未计价材料费						—			
清单项目综合单价								225.82			

材料费明细	主要材料名称、规格、型号				单位	数量	单价（元）	合价（元）	暂估单价（元）	暂估合价（元）
	水				m³	0.026	4.10	0.11		
	C15 混凝土 40mm 厚，强度等级为 32.5				m³	0.101	156.61	15.82		
	水				m³	0.05	4.10	0.21		
	大理石（综合）				m²	1.00603	150	150.90		
	1:1 水泥砂浆				m³	0.00799	28.2	0.23		

续表

主要材料名称、规格、型号	单位	数量	单价(元)	合价(元)	暂估单价(元)	暂估合价(元)
1:3 水泥砂浆	m³	0.0202	182.43	3.69		
素水泥浆	m³	0.001	457.23	0.46		
白水泥,白度80	kg	0.100	0.52	0.05		
棉纱头	kg	0.010	5.30	0.05		
锯(木)屑	m³	0.006	10.45	0.06		
合金钢切割锯片	片	0.004	61.75	0.22		
水	m³	0.006	4.10	0.02		
其他材料费			—	0.50		
材料费小计			—	180.03		

（材料费明细）

工程量清单综合单价分析表（33）　　　　表 5-37

工程名称：某小游园工程　　　　标段：　　　　第　页　共　页

项目编码	010702005001	项目名称	其他木构件	计量单位	m³	

清单综合单价组成明细

定额编号	定额名称	定额单位	数量	单价(元)				合价(元)			
				人工费	材料费	机械费	管理费和利润	人工费	材料费	机械费	管理费和利润
2—391	方木桁条（厚度11cm以内）	m³	1	348.75	3399.9	7.16	195.75	348.75	3399.9	7.16	195.75
人工单价			小　计					348.75	3399.9	7.16	195.75
37.00 元/工日			未计价材料费					—			
清单项目综合单价								551.66			

主要材料名称、规格、型号	单位	数量	单价(元)	合价(元)	暂估单价(元)	暂估合价(元)
结构成材,枋材板	m³	1.256	2700	3391.2		
防腐油	kg	0.1	1.71	0.17		
铁钉	kg	0.5000	4.10	2.05		
其他材料费			—	6.43	—	
材料费小计			—	3399.9	—	

（材料费明细）

工程量清单综合单价分析表（34）　　　　表 5-38

工程名称：某小游园工程　　　　标段：　　　　第　页　共　页

项目编码	050307018001	项目名称	砖石砌小摆设	计量单位	个

清单综合单价组成明细

定额编号	定额名称	定额单位	数量	单价(元)				合价(元)			
				人工费	材料费	机械费	管理费和利润	人工费	材料费	机械费	管理费和利润
1—18	人工挖地槽、地沟,二类土	m³	6.34	10.99	—		6.05	69.68	—		38.36
1—123	原土打底夯（基槽、坑）	10m²	1.38	4.88	—	1.93	3.75	6.73	—	2.66	5.18

清单综合单价组成明细

定额编号	定额名称	定额单位	数量	单价（元）				合价（元）			
				人工费	材料费	机械费	管理费和利润	人工费	材料费	机械费	管理费和利润
1-170	基础垫层（混凝土自拌）	m³	0.72	60.83	160.23	4.75	36.07	43.80	115.37	3.42	25.97
1-189	砖基础（标准砖）	m³	1.42	54.02	182.34	4.56	32.22	76.71	258.92	6.48	45.75
1-127	回填土，基槽、坑	m³	4.20	11.40		1.30	6.98	47.88		5.46	29.32
1-238	小型砌体（标准砖）	m³	1.23	100.27	183.81	3.45	57.05	123.33	226.09	4.24	70.17
1-907	瓷砖152mm×152mm以内（砂浆粘贴）	10m²	0.93	261.07	169.71	9.37	148.74	242.80	157.83	8.71	138.33
人工单价				小　计				610.92	758.21	30.98	353.07
37.00元/工日				未计价材料费				21.69			
清单项目综合单价								1774.86			

材料费明细	主要材料名称、规格、型号			单位	数量	单价（元）	合价（元）	暂估单价（元）	暂估合价（元）
	素水泥浆			m³	0.0474	457.23	21.69		
	其他材料费					—	—		—
	材料费小计					—	21.69		—

工程量清单综合单价分析表（35）　　　　表5-39

工程名称：某小游园工程　　　　标段：　　　　第　页　共　页

项目编码	050307018002	项目名称	砖石砌小摆设	计量单位	个

清单综合单价组成明细

定额编号	定额名称	定额单位	数量	单价（元）				合价（元）			
				人工费	材料费	机械费	管理费和利润	人工费	材料费	机械费	管理费和利润
1-18	人工挖地槽、地沟，二类土	m³	3.07	10.99			6.05	33.74			18.57
1-123	原土打底夯（基槽、坑）	10m²	0.85	4.88	—	1.93	3.75	4.15		1.64	3.19
1-170	基础垫层（混凝土自拌）	m³	0.50	60.83	160.23	4.75	36.07	30.42	80.12	2.38	18.04
1-250	毛石基础	m³	0.89	50.32	102.3	5.54	30.72	44.78	91.05	4.93	27.34
1-127	回填土，基槽、坑	m³	2.31	11.40	—	1.30	6.98	26.33	—	3.00	16.12
1-255	墙身(挡土墙)	m³	1.47	55.50	102.30	5.54	33.57	81.59	150.38	8.14	49.35
1-901	粘贴花岗石	m³	0.39	333.89	2685.6	5.96	186.92	130.22	1047.4	2.32	72.90
人工单价				小　计				351.22	1368.9	22.42	205.51

37.00 元/工日	未计价材料费					—		
清单项目综合单价						1948.06		

材料费明细	主要材料名称、规格、型号	单位	数量	单价（元）	合价（元）	暂估单价（元）	暂估合价（元）
	C15 混凝土 40mm 厚,强度等级为 32.5	m³	0.505	156.61	79.09		
	毛石	t	2.8665	30.5	87.43		
	M5 水泥砂浆	m³	0.3026	125.10	37.86		
	M5 水泥砂浆	m³	0.4998	125.10	62.52		
	801 胶素水泥浆	m³	0.00078	495.03	0.39		
	花岗石（综合）	m³	3.978	250	994.50		
	1:3 水泥砂浆	m³	0.06123	182.43	11.17		
	1:2 水泥砂浆	m³	0.01989	221.77	4.41		
	YJ－Ⅲ胶粘剂	m³	1.81740	11.50	20.90		
	白水泥,白度 80	m³	0.66300	0.52	0.3448		
	合金钢切割片	kg	0.15834	61.75	9.78		
	草酸	kg	0.04290	4.75	0.20		
	硬白蜡	kg	0.11700	3.33	0.39		
	松节油	kg	0.02730	3.80	0.10		
	棉纱头	kg	0.04290	5.30	0.23		
	煤油	kg	0.17160	4.00	0.69		
	水	m³	0.5564	4.10	2.28		
	其他材料费			—	6.69		
	材料费小计			—	1368.9	—	

工程量清单综合单价分析表（36）　　　　　　　　表 5-40

工程名称：某小游园工程　　　　　　标段：　　　　　　　　第　页　共　页

项目编码	010401003001	项目名称	实心砖墙	计量单位	m³

清单综合单价组成明细

定额编号	定额名称	定额单位	数量	单价（元）				合价（元）			
				人工费	材料费	机械费	管理费和利润	人工费	材料费	机械费	管理费和利润
1－238	小型砌体（标准砖）	m³	1	100.27	183.81	3.45	57.05	100.27	183.81	3.45	57.05
1－872	水刷石（墙面、墙裙）	m³	0.38	169.16	65.9	3.52	94.97	64.25	25.0	1.34	36.07
人工单价		小　计						164.52	208.8	4.79	93.12
37.00 元/工日		未计价材料费						—			
清单项目综合单价								262.43			

材料费明细	主要材料名称、规格、型号	单位	数量	单价（元）	合价（元）	暂估单价（元）	暂估合价（元）
	水泥白石子砂浆	m³	0.03874	360.62	14.0		
	M5 混合砂浆	m³	0.213	130.04	27.70		
	标准砖,240mm×115mm×53mm	百块	5.520	28.20	155.66		
	水	m³	0.033	4.10	3.12		

续表

材料费明细	主要材料名称、规格、型号	单位	数量	单价(元)	合价(元)	暂估单价(元)	暂估合价(元)
	1:3水泥砂浆	m³	0.049	182.43	8.94		
	普通成材	m³	0.0008	1599.0	1.21		
	801胶素水泥浆	m³	0.00152	495.03	0.75		
	其他材料费			—			
	材料费小计			—	208.8		

工程量清单综合单价分析表（37）　　　　　　表 5-41

工程名称：某小游园工程　　　　　　标段：　　　　　　第　页　共　页

项目编码	010101003002	项目名称	挖基础土方	计量单位	m³

<table>
<tr><th rowspan="2">定额编号</th><th rowspan="2">定额名称</th><th rowspan="2">定额单位</th><th rowspan="2">数量</th><th colspan="4">单　价(元)</th><th colspan="4">合　价(元)</th></tr>
<tr><th>人工费</th><th>材料费</th><th>机械费</th><th>管理费和利润</th><th>人工费</th><th>材料费</th><th>机械费</th><th>管理费和利润</th></tr>
<tr><td>1—50</td><td>人工挖地坑，二类土</td><td>m³</td><td>2.191</td><td>13.84</td><td>—</td><td>—</td><td>7.61</td><td>30.32</td><td></td><td></td><td>16.67</td></tr>
<tr><td>1—123</td><td>原土打底夯</td><td>m³</td><td>0.219</td><td>4.88</td><td>—</td><td>1.93</td><td>3.75</td><td>1.07</td><td></td><td>0.42</td><td>0.82</td></tr>
<tr><td>人工单价</td><td colspan="6">小　计</td><td>31.39</td><td></td><td>0.42</td><td>17.49</td></tr>
<tr><td>37.00元/工日</td><td colspan="6">未计价材料费</td><td colspan="4">—</td></tr>
<tr><td colspan="7">清单项目综合单价</td><td colspan="4">49.30</td></tr>
</table>

材料费明细	主要材料名称、规格、型号	单位	数量	单价(元)	合价(元)	暂估单价(元)	暂估合价(元)
	其他材料费			—		—	
	材料费小计			—		—	

工程量清单综合单价分析表（38）　　　　　　表 5-42

工程名称：某小游园工程　　　　　　标段：　　　　　　第　页　共　页

项目编码	010404001002	项目名称	垫层	计量单位	m³

<table>
<tr><th rowspan="2">定额编号</th><th rowspan="2">定额名称</th><th rowspan="2">定额单位</th><th rowspan="2">数量</th><th colspan="4">单　价(元)</th><th colspan="4">合　价(元)</th></tr>
<tr><th>人工费</th><th>材料费</th><th>机械费</th><th>管理费和利润</th><th>人工费</th><th>材料费</th><th>机械费</th><th>管理费和利润</th></tr>
<tr><td>1—162</td><td>基础垫层(3:7灰土)</td><td>m³</td><td>1</td><td>31.34</td><td>64.97</td><td>1.16</td><td>17.88</td><td>31.34</td><td>64.97</td><td>1.16</td><td>17.88</td></tr>
<tr><td>人工单价</td><td colspan="6">小　计</td><td>31.34</td><td>64.97</td><td>1.16</td><td>17.88</td></tr>
<tr><td>37.00元/工日</td><td colspan="6">未计价材料费</td><td colspan="4">—</td></tr>
<tr><td colspan="7">清单项目综合单价</td><td colspan="4">115.35</td></tr>
</table>

材料费明细	主要材料名称、规格、型号	单位	数量	单价(元)	合价(元)	暂估单价(元)	暂估合价(元)
	3:7灰土	m³	1.01	63.51	64.15		
	水	m³	0.2	4.10	0.82		
	其他材料费			—			
	材料费小计			—	64.97		

工程量清单综合单价分析表(39)　　　　　　　　表 5-43

工程名称：某小游园工程　　　　　　　标段：　　　　　　　　第 页 共 页

| 项目编码 | 010501003002 | 项目名称 | 独立基础 | 计量单位 | m³ | | |

清单综合单价组成明细

定额编号	定额名称	定额单位	数量	单 价(元)				合 价(元)			
				人工费	材料费	机械费	管理费和利润	人工费	材料费	机械费	管理费和利润
1—275	柱承台独立基础	m³	1	33.30	182.89	22.56	30.72	33.30	182.89	22.56	30.72
人工单价		小　计						33.30	182.89	22.56	30.72
37.00 元/工日		未计价材料费						—			
清单项目综合单价								269.47			

	主要材料名称、规格、型号	单位	数量	单价(元)	合价(元)	暂估单价(元)	暂估合价(元)
材料费明细	C20 混凝土 40mm 厚,强度等级为 32.5	m³	1.015	175.90	178.54		
	塑料薄膜	m²	0.81	0.86	0.70		
	水	m³	0.89	4.10	3.65		
	其他材料费			—	—		
	材料费小计			—	182.89	—	

工程量清单综合单价分析表 (40)　　　　　　　表 5-44

工程名称：某小游园工程　　　　　　　标段：　　　　　　　　第 页 共 页

| 项目编码 | 010103001002 | 项目名称 | 土(石)方回填 | 计量单位 | m³ | | |

清单综合单价组成明细

定额编号	定额名称	定额单位	数量	单 价(元)				合 价(元)			
				人工费	材料费	机械费	管理费和利润	人工费	材料费	机械费	管理费和利润
1—127	回填土,基槽、坑	m³	3.319	11.40	—	1.30	6.98	37.84	—	4.31	23.17
人工单价		小　计						37.84	—	4.31	23.17
37.00 元/工日		未计价材料费						—			
清单项目综合单价								65.32			

	主要材料名称、规格、型号	单位	数量	单价(元)	合价(元)	暂估单价(元)	暂估合价(元)
材料费明细							
	其他材料费			—	—		
	材料费小计			—	—		

工程量清单综合单价分析表（41）

表 5-45

工程名称：某小游园工程　　　　　标段：　　　　　第 页 共 页

项目编码	010502003001	项目名称			异形柱		计量单位		m³	

清单综合单价组成明细

定额编号	定额名称	定额单位	数量	单 价（元）				合 价（元）			
				人工费	材料费	机械费	管理费和利润	人工费	材料费	机械费	管理费和利润
1-282	圆形柱（自拌）	m³	1	91.46	204.80	8.64	55.05	91.46	204.80	8.64	55.05
1-850	柱、梁抹水泥砂浆（混凝土柱、梁）	m³	0.792	131.87	44.94	5.87	75.76	104.43	35.59	4.65	60.00
人工单价		小　计						195.89	240.39	13.29	115.05
37.00 元/工日		未计价材料费									—
清单项目综合单价								324.23			

	主要材料名称、规格、型号			单位	数量	单价（元）	合价（元）	暂估单价（元）	暂估合价（元）
材料费明细	C25 混凝土 31.5mm 厚,强度等级为 32.5			m³	0.985	195.79	192.85		
	1:2 水泥砂浆			m³	0.031	221.77	6.87		
	塑料薄膜			m²	0.14	0.86	0.12		
	水			m³	1.28	4.10	5.25		
	1:2.5 水泥砂浆			m³	0.06811	207.03	6.87		
	1:3 水泥砂浆			m³	0.1077	182.43	6.87		
	801 胶素水泥浆			m³	0.00317	495.03	1.57		
	其他材料费					—		—	
	材料费小计					—	240.39	—	

工程量清单综合单价分析表（42）

表 5-46

工程名称：某小游园工程　　　　　标段：　　　　　第 页 共 页

项目编码	010515001001	项目名称			现浇混凝土钢筋		计量单位		t	

清单综合单价组成明细

定额编号	定额名称	定额单位	数量	单 价（元）				合 价（元）			
				人工费	材料费	机械费	管理费和利润	人工费	材料费	机械费	管理费和利润
1-479	现浇构件钢筋（φ12）	t	1	517.26	3916.6	128.48	355.16	517.26	3916.6	128.48	355.16
人工单价		小　计						517.26	3916.6	128.48	355.16
37.00 元/工日		未计价材料费									—
清单项目综合单价								4917.50			

	主要材料名称、规格、型号			单位	数量	单价（元）	合价（元）	暂估单价（元）	暂估合价（元）
材料费明细	钢筋(综合)			m³	1.02	3800	3876		
	22 号镀锌钢丝			m³	6.85	4.60	31.51		
	电焊条			m³	1.86	4.80	8.93		
	水			m³	0.04	4.10	0.16		
	其他材料费					—		—	
	材料费小计					—	3916.6	—	

工程量清单综合单价分析表（43）　　　　　表 5-47

工程名称：某小游园工程　　　　　　标段：　　　　　　　　第　页　共　页

项目编码	010515001002	项目名称	现浇混凝土钢筋	计量单位	t	

清单综合单价组成明细

定额编号	定额名称	定额单位	数量	单　价（元）				合　价（元）			
				人工费	材料费	机械费	管理费和利润	人工费	材料费	机械费	管理费和利润
1-479	现浇构件钢筋（φ6）	t	1	517.26	3916.6	128.48	355.16	517.26	3916.6	128.48	355.16
人工单价		小　计						517.26	3916.6	128.48	355.16
37.00元/工日		未计价材料费						—			
清单项目综合单价								4917.50			

	主要材料名称、规格、型号	单位	数量	单价（元）	合价（元）	暂估单价（元）	暂估合价（元）
材料费明细	钢筋（综合）	m³	1.02	3800	3876		
	22号镀锌钢丝	m³	6.85	4.60	31.51		
	电焊条	m³	1.86	4.80	8.93		
	水	m³	0.04	4.10	0.16		
	其他材料费			—		—	
	材料费小计			—	3916.6		

工程量清单综合单价分析表（44）　　　　　表 5-48

工程名称：某小游园工程　　　　　　标段：　　　　　　　　第　页　共　页

项目编码	010515001003	项目名称	现浇混凝土钢筋	计量单位	t	

清单综合单价组成明细

定额编号	定额名称	定额单位	数量	单　价（元）				合　价（元）			
				人工费	材料费	机械费	管理费和利润	人工费	材料费	机械费	管理费和利润
1-479	现浇构件钢筋（φ4）	t	1	517.26	3916.6	128.48	355.16	517.26	3916.6	128.48	355.16
人工单价		小　计						517.26	3916.6	128.48	355.16
37.00元/工日		未计价材料费						—			
清单项目综合单价								4917.50			

	主要材料名称、规格、型号	单位	数量	单价（元）	合价（元）	暂估单价（元）	暂估合价（元）
材料费明细	钢筋（综合）	m³	1.02	3800	3876		
	22号镀锌钢丝	m³	6.85	4.60	31.51		
	电焊条	m³	1.86	4.80	8.93		
	水	m³	0.04	4.10	0.16		
	其他材料费			—		—	
	材料费小计			—	3916.6		

工程量清单综合单价分析表（45）　　　　　　**表 5-49**

工程名称：某小游园工程　　　　　　标段：　　　　　　第 页 共 页

项目编码	010101003003	项目名称		挖基础土方		计量单位	m³		

清单综合单价组成明细

定额编号	定额名称	定额单位	数量	单 价（元）				合 价（元）			
				人工费	材料费	机械费	管理费和利润	人工费	材料费	机械费	管理费和利润
1—50	人工挖地坑，二类土	m³	2.043	13.84	—	—	7.61	28.27	—	—	15.54
1—123	原土打底夯	m³	0.255	4.88	—	1.93	3.75	1.25	—	0.49	0.96
人工单价			小　计					29.51	—	0.49	16.50
37.00 元/工日			未计价材料费					—			
清单项目综合单价								46.51			

材料费明细	主要材料名称、规格、型号					单位	数量	单价（元）	合价（元）	暂估单价（元）	暂估合价（元）
	其他材料费							—		—	
	材料费小计							—		—	

工程量清单综合单价分析表（46）　　　　　　**表 5-50**

工程名称：某小游园工程　　　　　　标段：　　　　　　第 页 共 页

项目编码	010404001003	项目名称		垫层		计量单位	m³		

清单综合单价组成明细

定额编号	定额名称	定额单位	数量	单 价（元）				合 价（元）			
				人工费	材料费	机械费	管理费和利润	人工费	材料费	机械费	管理费和利润
1—165	1:1 砂石	m³	1	26.42	66.19	1.16	15.17	26.42	66.19	1.16	15.17
人工单价			小　计					26.42	66.19	1.16	15.17
37.00 元/工日			未计价材料费					—			
清单项目综合单价								108.94			

材料费明细	主要材料名称、规格、型号					单位	数量	单价（元）	合价（元）	暂估单价（元）	暂估合价（元）
	砂（黄沙）					t	0.98	36.50	35.77		
	碎石（综合）					t	0.8	37.00	29.60		
	水					m³	0.2	4.10	0.82		
	其他材料费							—		—	
	材料费小计							—	66.19	—	

工程量清单综合单价分析表（47）　　　　　　表 5-51

工程名称：某小游园工程　　　　　　　标段：　　　　　　　第　页 共　页

| 项目编码 | 010501003003 | 项目名称 | | 独立基础 | | 计量单位 | | m³ | | |

清单综合单价组成明细

定额编号	定额名称	定额单位	数量	单　价（元）				合　价（元）			
				人工费	材料费	机械费	管理费和利润	人工费	材料费	机械费	管理费和利润
1-275	柱承台独立基础	m³	1	33.30	182.89	22.56	30.72	33.30	182.89	22.56	30.72
人工单价			小　计					33.30	182.89	22.56	30.72
37.00元/工日			未计价材料费					—			
清单项目综合单价								269.47			

材料费明细	主要材料名称、规格、型号	单位	数量	单价（元）	合价（元）	暂估单价（元）	暂估合价（元）
	C20 混凝土 40mm 厚，强度等级为 32.5	m³	1.015	175.90	178.54		
	塑料薄膜	m²	0.81	0.86	0.70		
	水	m³	0.89	4.10	3.65		
	其他材料费			—		—	
	材料费小计			—	182.89	—	

工程量清单综合单价分析表（48）　　　　表 5-52

工程名称：某小游园工程　　　　　　　标段：　　　　　　　第　页 共　页

| 项目编码 | 010103001003 | 项目名称 | | 土(石)方回填 | | 计量单位 | | m³ | | |

清单综合单价组成明细

定额编号	定额名称	定额单位	数量	单　价（元）				合　价（元）			
				人工费	材料费	机械费	管理费和利润	人工费	材料费	机械费	管理费和利润
1-127	回填土，基槽、坑	m³	2.788	11.40	—	1.30	6.98	31.79	—	3.62	19.46
人工单价			小　计					31.79	—	3.62	19.46
37.00元/工日			未计价材料费					—			
清单项目综合单价								54.87			

材料费明细	主要材料名称、规格、型号	单位	数量	单价（元）	合价（元）	暂估单价（元）	暂估合价（元）
	其他材料费			—		—	
	材料费小计			—		—	

工程量清单综合单价分析表 (49)

表 5-53

工程名称：某小游园工程　　　　　　　　　标段：　　　　　　　　　第　页　共　页

项目编码	010101003004	项目名称	挖基础土方	计量单位	m³	

清单综合单价组成明细

定额编号	定额名称	定额单位	数量	单　价（元）				合　价（元）			
				人工费	材料费	机械费	管理费和利润	人工费	材料费	机械费	管理费和利润
1—50	人工挖地坑，二类土	m³	23.11	13.84	—	—	7.61	319.86	—	—	175.88
1—123	原土打底夯	m³	7.667	4.88	—	1.93	3.75	37.41	—	14.80	28.75
人工单价			小　计					357.27	—	14.80	204.63
37.00 元/工日			未计价材料费					—			
清单项目综合单价								576.69			

	主要材料名称、规格、型号				单位	数量	单价（元）	合价（元）	暂估单价（元）	暂估合价（元）
材料费明细										
	其他材料费						—		—	
	材料费小计						—		—	

工程量清单综合单价分析表 (50)

表 5-54

工程名称：某小游园工程　　　　　　　　　标段：　　　　　　　　　第　页　共　页

项目编码	010404001004	项目名称	垫层	计量单位	m³	

清单综合单价组成明细

定额编号	定额名称	定额单位	数量	单　价（元）				合　价（元）			
				人工费	材料费	机械费	管理费和利润	人工费	材料费	机械费	管理费和利润
1—165	1：1砂石	m³	1	26.42	66.19	1.16	15.17	26.42	66.19	1.16	15.17
人工单价			小　计					26.42	66.19	1.16	15.17
37.00 元/工日			未计价材料费					—			
清单项目综合单价								108.94			

	主要材料名称、规格、型号			单位	数量	单价（元）	合价（元）	暂估单价（元）	暂估合价（元）
材料费明细	砂（黄沙）			t	0.98	36.50	35.77		
	碎石（综合）			t	0.8	37.00	29.60		
	水			m³	0.2	4.10	0.82		
	其他材料费						—		—
	材料费小计						66.19		—

工程量清单综合单价分析表（51）　　　　　　表 5-55

工程名称：某小游园工程　　　　　　　标段：　　　　　　第　页　共　页

| 项目编码 | 010103001004 | 项目名称 | | 土（石）方回填 | | 计量单位 | | m³ | | |

清单综合单价组成明细

定额编号	定额名称	定额单位	数量	单　价（元）				合　价（元）			
				人工费	材料费	机械费	管理费和利润	人工费	材料费	机械费	管理费和利润
1-127	回填土，基槽、坑	m³	40.8	11.40	—	1.30	6.98	465.12	—	53.04	284.78
人工单价			小　计					465.12	—	53.04	284.78
37.00 元/工日			未计价材料费					—			
清单项目综合单价								802.94			

	主要材料名称、规格、型号		单位	数量	单价（元）	合价（元）	暂估单价（元）	暂估合价（元）
材料费明细								
	其他材料费					—		—
	材料费小计					—		—

工程量清单综合单价分析表（52）　　　　　　表 5-56

工程名称：某小游园工程　　　　　　　标段：　　　　　　第　页　共　页

| 项目编码 | 010502003002 | 项目名称 | | 异形柱 | | 计量单位 | | m³ | | |

清单综合单价组成明细

定额编号	定额名称	定额单位	数量	单　价（元）				合　价（元）			
				人工费	材料费	机械费	管理费和利润	人工费	材料费	机械费	管理费和利润
1-282	圆形柱（自拌）	m³	1	91.46	204.80	8.64	55.05	91.46	204.80	8.64	55.05
人工单价			小　计					91.46	204.80	8.64	55.05
37.00 元/工日			未计价材料费					—			
清单项目综合单价								155.15			

	主要材料名称、规格、型号		单位	数量	单价（元）	合价（元）	暂估单价（元）	暂估合价（元）
材料费明细	C25 混凝土 31.5mm 厚,强度等级为 32.5		m³	0.985	195.79	192.85		
	1:2 水泥砂浆		m³	0.031	221.77	6.87		
	塑料薄膜		m²	0.14	0.86	0.12		
	水		m³	1.21	4.10	4.96		
	其他材料费					—		—
	材料费小计					—	204.80	

工程量清单综合单价分析表（53）　　　　　表 5-57

工程名称：某小游园工程　　　　　标段：　　　　　第　页　共　页

| 项目编码 | 010507007001 | 项目名称 | | 其他构件 | | 计量单位 | | m³ | |

清单综合单价组成明细

定额编号	定额名称	定额单位	数量	单　价（元）				合　价（元）			
				人工费	材料费	机械费	管理费和利润	人工费	材料费	机械费	管理费和利润
1－356	小型构件（自拌）	m³	1	108.34	216.95	13.33	66.92	108.34	216.95	13.33	66.92
人工单价			小　计					108.34	216.95	13.33	66.92
37.00元/工日			未计价材料费					—			
清单项目综合单价								188.59			

材料费明细	主要材料名称、规格、型号	单位	数量	单价（元）	合价（元）	暂估单价（元）	暂估合价（元）
	C25 混凝土，20mm厚，强度等级为 32.5	m³	1.015	203.37	206.42		
	塑料薄膜	m²	3.75	0.86	3.23		
	水	m³	1.78	4.10	7.30		
	其他材料费			—		—	
	材料费小计			—	216.95	—	

工程量清单综合单价分析表（54）　　　　　表 5-58

工程名称：某小游园工程　　　　　标段：　　　　　第　页　共　页

| 项目编码 | 010502003003 | 项目名称 | | 异形柱 | | 计量单位 | | m³ | |

清单综合单价组成明细

定额编号	定额名称	定额单位	数量	单　价（元）				合　价（元）			
				人工费	材料费	机械费	管理费和利润	人工费	材料费	机械费	管理费和利润
1－282	圆形柱（自拌）	m³	1	91.46	204.80	8.64	55.05	91.46	204.80	8.64	55.05
人工单价			小　计					91.46	204.80	8.64	55.05
37.00元/工日			未计价材料费					—			
清单项目综合单价								155.15			

材料费明细	主要材料名称、规格、型号	单位	数量	单价（元）	合价（元）	暂估单价（元）	暂估合价（元）
	C25 混凝土 31.5mm厚，强度等级为 32.5	m³	0.985	195.79	192.85		
	1:2 水泥砂浆	m³	0.031	221.77	6.87		
	塑料薄膜	m²	0.14	0.86	0.12		
	水	m³	1.21	4.10	4.96		
	其他材料费			—		—	
	材料费小计			—	204.80	—	

工程量清单综合单价分析表（55）　　　　表5-59

工程名称：某小游园工程　　　　　标段：　　　　　第　页　共　页

项目编码	010507007002	项目名称		其他构件		计量单位	m³		

清单综合单价组成明细

定额编号	定额名称	定额单位	数量	单价（元）				合价（元）			
				人工费	材料费	机械费	管理费和利润	人工费	材料费	机械费	管理费和利润
1-356	小型构件（自拌）	m³	1	108.34	216.95	13.33	66.92	108.34	216.95	13.33	66.92
1-878	斩假石（柱、梁面）	m³	28.17	493.73	64.50	3.39	273.41	13907	1816.8	95.49	7701.05
1-878	斩假石（柱、梁面）	m³	1.333	493.73	64.50	3.39	273.41	658.31	86.00	4.52	364.55
1-879	斩假石（零星项目）	m³	9.333	982.13	59.76	3.39	542.03	9166.5	557.76	31.64	5058.95
人工单价			小　　计					23840	2677.5	144.98	13191.5
37.00元/工日			未计价材料费					—			
			清单项目综合单价					39853.82			

主要材料名称、规格、型号	单位	数量	单价（元）	合价（元）	暂估单价（元）	暂估合价（元）
C25 混凝土 20mm 厚,强度等级为 32.5	m³	1.015	203.37	206.42		
塑料薄膜	m²	3.75	0.86	3.23		
1:3 水泥砂浆	m³	4.87	182.43	887.52		
1:2 水泥白石屑浆	m³	3.96	334.13	1323.5		
普通成材	m³	0.06	1599.0	94.34		
801胶素水泥浆	m³	0.29	495.0	144.55		
水	m³	4.32	4.1	17.72		
其他材料费			—		—	
材料费小计			—	2677.5	—	

（材料费明细）

工程量清单综合单价分析表（56）　　　　表5-60

工程名称：某小游园工程　　　　　标段：　　　　　第　页　共　页

项目编码	010515001004	项目名称		现浇混凝土钢筋		计量单位	t		

清单综合单价组成明细

定额编号	定额名称	定额单位	数量	单价（元）				合价（元）			
				人工费	材料费	机械费	管理费和利润	人工费	材料费	机械费	管理费和利润
1-479	现浇构件钢筋（φ12）	t	1	517.26	3916.6	128.48	355.16	517.26	3916.6	128.48	355.16
人工单价			小　　计					517.26	3916.6	128.48	355.16
37.00元/工日			未计价材料费					—			
			清单项目综合单价					4917.50			

173

	主要材料名称、规格、型号	单位	数量	单价（元）	合价（元）	暂估单价（元）	暂估合价（元）
材料费明细	钢筋（综合）	m³	1.02	3800	3876		
	22号镀锌钢丝	m³	6.85	4.60	31.51		
	电焊条	m³	1.86	4.80	8.93		
	水	m³	0.04	4.10	0.16		
	其他材料费				—		
	材料费小计				—	3916.6		

工程量清单综合单价分析表（57）　　　　　　　表 5-61

工程名称：某小游园工程　　　　　　标段：　　　　　　第 页 共 页

项目编码	010515001005	项目名称	现浇混凝土钢筋	计量单位	t	

清单综合单价组成明细

定额编号	定额名称	定额单位	数量	单　价（元）				合　价（元）			
				人工费	材料费	机械费	管理费和利润	人工费	材料费	机械费	管理费和利润
1—479	现浇构件钢筋（φ6）	t	1	517.26	3916.6	128.48	355.16	517.26	3916.6	128.48	355.16
人工单价		小　计						517.26	3916.6	128.48	355.16
37.00元/工日		未计价材料费						—			
清单项目综合单价								4917.50			

	主要材料名称、规格、型号	单位	数量	单价（元）	合价（元）	暂估单价（元）	暂估合价（元）
材料费明细	钢筋（综合）	m³	1.02	3800	3876		
	22号镀锌钢丝	m³	6.85	4.60	31.51		
	电焊条	m³	1.86	4.80	8.93		
	水	m³	0.04	4.10	0.16		
	其他材料费				—		
	材料费小计				—	3916.6		

工程量清单综合单价分析表（58）　　　　　　　表 5-62

工程名称：某小游园工程　　　　　　标段：　　　　　　第 页 共 页

项目编码	010515001006	项目名称	现浇混凝土钢筋	计量单位	t	

清单综合单价组成明细

定额编号	定额名称	定额单位	数量	单　价（元）				合　价（元）			
				人工费	材料费	机械费	管理费和利润	人工费	材料费	机械费	管理费和利润
1—479	现浇构件钢筋（φ4）	t	1	517.26	3916.6	128.48	355.16	517.26	3916.6	128.48	355.16
人工单价		小　计						517.26	3916.6	128.48	355.16
37.00元/工日		未计价材料费						—			
清单项目综合单价								4917.50			

续表

	主要材料名称、规格、型号	单位	数量	单价（元）	合价（元）	暂估单价（元）	暂估合价（元）
	钢筋（综合）	m³	1.02	3800	3876		
	22号镀锌钢丝	m³	6.85	4.60	31.51		
材料费明细	电焊条	m³	1.86	4.80	8.93		
	水	m³	0.04	4.10	0.16		
	其他材料费			—			
	材料费小计			—	3916.6		

工程量清单综合单价分析表（59）　　　　　表5-63

工程名称：某小游园工程　　　　　标段：　　　　　第　页　共　页

项目编码	010101003005	项目名称		挖基础土方	计量单位		m³	

清单综合单价组成明细

定额编号	定额名称	定额单位	数量	单价（元）				合价（元）			
				人工费	材料费	机械费	管理费和利润	人工费	材料费	机械费	管理费和利润
1—50	人工挖地坑，二类土	m³	1.889	13.84			7.61	26.14			14.37
1—123	原土打底夯	m³	0.111	4.88		1.93	3.75	0.54		0.21	0.42
	人工单价			小　计				26.68	—	0.21	14.79
	37.00元/工日			未计价材料费					—		
	清单项目综合单价								41.69		

材料费明细	主要材料名称、规格、型号			单位	数量	单价（元）	合价（元）	暂估单价（元）	暂估合价（元）
	其他材料费					—		—	
	材料费小计					—		—	

工程量清单综合单价分析表（60）　　　　　表5-64

工程名称：某小游园工程　　　　　标段：　　　　　第　页　共　页

项目编码	010404001005	项目名称		垫层	计量单位		m³	

清单综合单价组成明细

定额编号	定额名称	定额单位	数量	单价（元）				合价（元）			
				人工费	材料费	机械费	管理费和利润	人工费	材料费	机械费	管理费和利润
1—162	基础垫层（3:7灰土）	m³	1	31.34	64.97	1.16	17.88	31.34	64.97	1.16	17.88
	人工单价			小　计				31.34	64.97	1.16	17.88
	37.00元/工日			未计价材料费					—		
	清单项目综合单价								115.35		

续表

	主要材料名称、规格、型号	单位	数量	单价(元)	合价(元)	暂估单价(元)	暂估合价(元)
材料费明细	3:7灰土	m³	1.01	63.51	64.15		
	水	m³	0.2	4.10	0.82		
	其他材料费				—		
	材料费小计			—	64.97	—	

工程量清单综合单价分析表 (61)　　　　　　　　　　表 5-65

工程名称：某小游园工程　　　　　　　标段：　　　　　　　　第 页 共 页

项目编码	070101002001	项目名称		贮水(油)池		计量单位	m³		

清单综合单价组成明细

定额编号	定额名称	定额单位	数量	单 价(元)				合 价(元)			
				人工费	材料费	机械费	管理费和利润	人工费	材料费	机械费	管理费和利润
1-367	钢筋混凝土池壁(圆形壁)	m³	1	79.03	209.6	26.06	57.80	79.03	209.6	26.06	57.80
人工单价			小　计					79.03	209.6	26.06	57.80
37.00 元/工日			未计价材料费					—			
清单项目综合单价								162.89			

材料费明细	主要材料名称、规格、型号	单位	数量	单价(元)	合价(元)	暂估单价(元)	暂估合价(元)
	C30P10 抗渗混凝土 20mm 厚,强度等级为 42.5	m³	1.02	201.21	205.2		
	塑料薄膜	m²	0.1	0.86	0.09		
	水	kg	1.04	4.10	4.26		
	其他材料费				—		
	材料费小计			—	209.6	—	

工程量清单综合单价分析表 (62)　　　　　　　　　　表 5-66

工程名称：某小游园工程　　　　　　　标段：　　　　　　　　第 页 共 页

项目编码	070101001001	项目名称		贮水(油)池		计量单位	m³		

清单综合单价组成明细

定额编号	定额名称	定额单位	数量	单 价(元)				合 价(元)			
				人工费	材料费	机械费	管理费和利润	人工费	材料费	机械费	管理费和利润
1-358	混凝土池底(平底)	m³	1	67.4	213.6	22.51	49.50	67.40	213.6	22.51	49.50
人工单价			小　计					67.40	213.6	22.51	49.50
37.00 元/工日			未计价材料费					—			
清单项目综合单价								139.41			

续表

材料费明细	主要材料名称、规格、型号	单位	数量	单价(元)	合价(元)	暂估单价(元)	暂估合价(元)
	C30P10 抗渗混凝土 20mm 厚,强度等级为 42.5	m³	1.015	201.21	204.2		
	塑料薄膜	m²	3.73	0.86	3.21		
	水	kg	1.51	4.10	6.19		
	其他材料费			—		—	
	材料费小计			—	213.6		

工程量清单综合单价分析表（63）　　　　　　表 5-67

工程名称：某小游园工程　　　　　　标段：　　　　　　第　页　共　页

项目编码	010903003001	项目名称	砂浆防水(潮)	计量单位	m²

清单综合单价组成明细

定额编号	定额名称	定额单位	数量	单价(元)				合价(元)			
				人工费	材料费	机械费	管理费和利润	人工费	材料费	机械费	管理费和利润
1－846	抹水泥砂浆(零星项目)	m³	0.903	146.08	42.69	5.48	83.36	131.86	38.53	4.95	75.25
人工单价			小　计					131.86	38.53	4.95	75.25
37.00 元/工日			未计价材料费					—			
清单项目综合单价								250.59			

材料费明细	主要材料名称、规格、型号	单位	数量	单价(元)	合价(元)	暂估单价(元)	暂估合价(元)
	1∶3 水泥砂浆	m³	0.1147	182.43	20.92		
	塑料薄膜	m²	3.3669	0.86	2.90		
	水	m³	0.074	4.10	0.30		
	801 胶素水泥浆	m³	0.0018	493.03	0.89		
	其他材料费						
	材料费小计			—	38.53		

工程量清单综合单价分析表（64）　　　　　　表 5-68

工程名称：某小游园工程　　　　　　标段：　　　　　　第　页　共　页

项目编码	010103001005	项目名称	土(石)方回填	计量单位	m³

清单综合单价组成明细

定额编号	定额名称	定额单位	数量	单价(元)				合价(元)			
				人工费	材料费	机械费	管理费和利润	人工费	材料费	机械费	管理费和利润
1－127	回填土,基(槽)坑	m³	6.268	11.40	—	1.30	6.98	71.45		8.15	43.75
人工单价			小　计					71.45		8.15	43.75
37.00 元/工日			未计价材料费					—			
清单项目综合单价								123.35			

材料费明细	主要材料名称、规格、型号	单位	数量	单价(元)	合价(元)	暂估单价(元)	暂估合价(元)
	其他材料费					—	
	材料费小计						

工程量清单综合单价分析表(65)

表 5-69

工程名称:某小游园工程　　　　标段:　　　　　第 页 共 页

项目编码	010101003006	项目名称			挖基础土方		计量单位		m³		

清单综合单价组成明细

定额编号	定额名称	定额单位	数量	单 价(元)				合 价(元)			
				人工费	材料费	机械费	管理费和利润	人工费	材料费	机械费	管理费和利润
1-18	人工挖地槽、地沟,二类土	m³	1.96	10.99	—	—	6.05	21.56	—	—	11.87
1-123	原土打底夯	m³	0.435	4.88	—	1.93	3.75	2.12	—	0.84	1.63
人工单价			小　计					23.68		0.84	13.50
37.00 元/工日			未计价材料费					—			

清单项目综合单价							38.02		

材料费明细	主要材料名称、规格、型号			单位	数量	单价(元)	合价(元)	暂估单价(元)	暂估合价(元)
	其他材料费						—		
	材料费小计						—		—

工程量清单综合单价分析表 (66)

表 5-70

工程名称:某小游园工程　　　　标段:　　　　　第 页 共 页

项目编码	010404001006	项目名称			垫层		计量单位		m³		

清单综合单价组成明细

定额编号	定额名称	定额单位	数量	单 价(元)				合 价(元)			
				人工费	材料费	机械费	管理费和利润	人工费	材料费	机械费	管理费和利润
1-162	基础垫层(3:7灰土)	m³	1	31.34	64.97	1.16	17.88	31.34	64.97	1.16	17.88
人工单价			小　计					31.34	64.97	1.16	17.88
37.00 元/工日			未计价材料费					—			

清单项目综合单价							115.35		

材料费明细	主要材料名称、规格、型号			单位	数量	单价(元)	合价(元)	暂估单价(元)	暂估合价(元)
	3:7灰土			m³	1.01	63.51	64.15		
	水			m³	0.2	4.10	0.82		
	其他材料费						—		
	材料费小计						—	64.97	—

工程名称：某小游园工程　　　　　　　　标段：　　　　　　　　　　第　页　共　页

项目编码	070101002002	项目名称		贮水(油)池		计量单位		m³	

清单综合单价组成明细

定额编号	定额名称	定额单位	数量	单　价（元）				合　价（元）			
				人工费	材料费	机械费	管理费和利润	人工费	材料费	机械费	管理费和利润
1-367	钢筋混凝土池壁(圆形壁)	m³	1	79.03	209.6	26.06	57.80	79.03	209.6	26.06	57.80
人工单价			小　计					79.03	209.6	26.06	57.80
37.00 元/工日			未计价材料费					—			
清单项目综合单价								162.89			

	主要材料名称、规格、型号			单位	数量	单价(元)	合价(元)	暂估单价(元)	暂估合价(元)
材料费明细	C30P10 抗渗混凝土 20mm 厚，强度等级为 42.5			m³	1.02	201.21	205.2		
	塑料薄膜			m²	0.1	0.86	0.09		
	水			kg	1.04	4.10	4.26		
	其他材料费					—		—	
	材料费小计					—	209.6	—	

工程名称：某小游园工程　　　　　　　　标段：　　　　　　　　　　第　页　共　页

项目编码	070101001002	项目名称		贮水(油)池		计量单位		m³	

清单综合单价组成明细

定额编号	定额名称	定额单位	数量	单　价（元）				合　价（元）			
				人工费	材料费	机械费	管理费和利润	人工费	材料费	机械费	管理费和利润
1-358	混凝土池底(平底)	m³	1	67.4	213.6	22.51	49.50	67.40	213.6	22.51	49.50
人工单价			小　计					67.40	213.6	22.51	49.50
37.00 元/工日			未计价材料费					—			
清单项目综合单价								139.41			

	主要材料名称、规格、型号			单位	数量	单价(元)	合价(元)	暂估单价(元)	暂估合价(元)
材料费明细	C30P10 抗渗混凝土 20mm 厚，强度等级为 42.5			m³	1.015	201.21	204.2		
	塑料薄膜			m²	3.73	0.86	3.21		
	水			kg	1.51	4.10	6.19		
	其他材料费					—		—	
	材料费小计					—	213.6	—	

工程量清单综合单价分析表（69）

表 5-73

工程名称：某小游园工程　　　　　　　　　标段：　　　　　　　　第　页　共　页

项目编码	010903003002	项目名称	砂浆防水（潮）	计量单位	m²

清单综合单价组成明细

定额编号	定额名称	定额单位	数量	单价（元）				合价（元）			
				人工费	材料费	机械费	管理费和利润	人工费	材料费	机械费	管理费和利润
1−846	抹水泥砂浆（零星项目）	m³	0.1	146.08	42.69	5.48	83.36	14.61	4.3	0.55	8.34
人工单价		小　计						14.61	4.3	0.55	8.34
37.00 元/工日		未计价材料费						—			
清单项目综合单价								23.49			

	主要材料名称、规格、型号	单位	数量	单价（元）	合价（元）	暂估单价（元）	暂估合价（元）
材料费明细	1：2 水泥砂浆	m³	0.0082	221.77	1.8		
	1：3 水泥砂浆	m³	0.0127	182.43	2.32		
	801 胶素水泥浆	m³	0.00	495.03	0.10		
	水	kg	0.01	4.10	0.03		
	其他材料费			—			
	材料费小计			—	4.3		

工程量清单综合单价分析表（70）

表 5-74

工程名称：某小游园工程　　　　　　　　　标段：　　　　　　　　第　页　共　页

项目编码	010103001006	项目名称	土（石）方回填	计量单位	m³

清单综合单价组成明细

定额编号	定额名称	定额单位	数量	单价（元）				合价（元）			
				人工费	材料费	机械费	管理费和利润	人工费	材料费	机械费	管理费和利润
1−127	回填土，基槽、坑	m³	7.333	11.40	—	1.30	6.98	83.60	—	9.53	51.19
人工单价		小　计						83.60	—	9.53	51.19
37.00 元/工日		未计价材料费						—			
清单项目综合单价								144.32			

	主要材料名称、规格、型号	单位	数量	单价（元）	合价（元）	暂估单价（元）	暂估合价（元）
材料费明细							
	其他材料费			—			
	材料费小计			—			

工程量清单综合单价分析表 (71)　　　　　　　　　　　表 5-75

工程名称：某小游园工程　　　　　　　　标段：　　　　　　　　第　页　共　页

项目编码	050306001001	项目名称		喷泉管道		计量单位		m		
清单综合单价组成明细										

定额编号	定额名称	定额单位	数量	单　价（元）				合　价（元）			
				人工费	材料费	机械费	管理费和利润	人工费	材料费	机械费	管理费和利润
3—78	室外镀锌钢管（螺纹连接）安装	10m	0.1	35.26	10.47	2.89	17.63	3.53	1.05	0.29	1.76
3—116	管道刷银粉漆（第一遍）	10m²	0.015	12.04	11.19	—	6.02	0.18	0.17	—	0.09
人工单价			小　计					3.71	1.22	0.29	1.86
37.00 元/工日			未计价材料费					23.33			
清单项目综合单价								30.41			

材料费明细	主要材料名称、规格、型号				单位	数量	单价（元）	合价（元）	暂估单价（元）	暂估合价（元）
	镀锌管（DN50）				m	1.015	22.99	23.33		
	其他材料费						—			
	材料费小计						—	23.33		

工程量清单综合单价分析表 (72)　　　　　　　　　　　表 5-76

工程名称：某小游园工程　　　　　　　　标段：　　　　　　　　第　页　共　页

项目编码	050306001002	项目名称		喷泉管道		计量单位		m		
清单综合单价组成明细										

定额编号	定额名称	定额单位	数量	单　价（元）				合　价（元）			
				人工费	材料费	机械费	管理费和利润	人工费	材料费	机械费	管理费和利润
3—76	室外镀锌钢管（螺纹连接）安装	10m	0.1	27.95	5.82	1.65	13.98	2.80	0.58	0.17	1.40
3—116	管道刷银粉漆（第一遍）	10m²	0.01	12.04	11.19	—	6.02	0.12	0.11		0.06
3—99	玉柱喷头	套	1.196	0.77	—		0.39	0.92			0.47
人工单价			小　计					3.83	0.69	0.17	1.92
37.00 元/工日			未计价材料费					74.89			
清单项目综合单价								81.50			

材料费明细	主要材料名称、规格、型号				单位	数量	单价（元）	合价（元）	暂估单价（元）	暂估合价（元）
	镀锌管（DN32）				m	1.015	14.86	15.08		
	喷头喇叭花（DN25）				套	1.19617	50.00	59.81		
	其他材料费						—			
	材料费小计						—	74.89	—	

工程量清单综合单价分析表 （73）　　　　　　　**表 5-77**

工程名称：某小游园工程　　　　　　标段：　　　　　　　第 页 共 页

项目编码	050306001003	项目名称	喷泉管道	计量单位	m		

清单综合单价组成明细

定额编号	定额名称	定额单位	数量	单　价（元）				合　价（元）			
				人工费	材料费	机械费	管理费和利润	人工费	材料费	机械费	管理费和利润
3—81	室外镀锌钢管（螺纹连接）安装	10m	0.1	49.02	39.58	12.79	27.31	4.90	3.96	1.28	2.73
3—116	管道刷银粉漆（第一遍）	10m²	0.031	12.04	11.19	—	6.02	0.37	0.35	—	0.19
人工单价			小　计					5.27	4.30	1.28	2.92
37.00 元/工日			未计价材料费					52.26			
		清单项目综合单价						66.04			

材料费明细	主要材料名称、规格、型号					单位	数量	单价（元）	合价（元）	暂估单价（元）	暂估合价（元）
	镀锌管（DN100）					m	1.015	51.49	52.26		
	其他材料费							—		—	
	材料费小计							—	52.26		

工程量清单综合单价分析表 （74）　　　　　　　**表 5-78**

工程名称：某小游园工程　　　　　　标段：　　　　　　　第 页 共 页

项目编码	050306001004	项目名称	喷泉管道	计量单位	m		

清单综合单价组成明细

定额编号	定额名称	定额单位	数量	单　价（元）				合　价（元）			
				人工费	材料费	机械费	管理费和利润	人工费	材料费	机械费	管理费和利润
3—78	室外镀锌钢管（螺纹连接）安装	10m	0.1	35.26	10.47	2.89	17.63	3.53	1.05	0.29	1.76
3—116	管道刷银粉漆（第一遍）	10m²	0.017	12.04	11.19	—	6.02	0.20	0.19	—	0.10
人工单价			小　计					3.73	1.23	0.29	1.86
37.00 元/工日			未计价材料费					23.33			
		清单项目综合单价						30.45			

材料费明细	主要材料名称、规格、型号					单位	数量	单价（元）	合价（元）	暂估单价（元）	暂估合价（元）
	镀锌管（DN50）					m	1.015	22.99	23.33		
	其他材料费							—		—	
	材料费小计							—	23.33	—	

工程量清单综合单价分析表（75）　　　　　　表5-79

工程名称：某小游园工程　　　　　　　　　　标段：　　　　　　　　　　第　页　共　页

| 项目编码 | 050306003001 | 项目名称 | | 水下艺术装饰灯具 | | 计量单位 | | 套 |

清单综合单价组成明细

定额编号	定额名称	定额单位	数量	单价（元）				合价（元）			
				人工费	材料费	机械费	管理费和利润	人工费	材料费	机械费	管理费和利润
3-130	水下艺术装饰灯具安装（密封型彩灯）	10套	0.1	98.47	62.58	—	49.24	9.85	6.26	—	4.92
人工单价		小　计						9.85	6.26	0.00	4.92
37.00元/工日		未计价材料费						202.00			
		清单项目综合单价						223.03			

材料费明细	主要材料名称、规格、型号			单位	数量	单价（元）	合价（元）	暂估单价（元）	暂估合价（元）
	成套灯具，密封型彩灯			m	1.01	200.00	202.00		
	其他材料费					—		—	
	材料费小计					—	202.00		

工程量清单综合单价分析表（76）　　　　　　表5-80

工程名称：某小游园工程　　　　　　　　　　标段：　　　　　　　　　　第　页　共　页

| 项目编码 | 050306002001 | 项目名称 | | 喷泉电缆 | | 计量单位 | | m |

清单综合单价组成明细

定额编号	定额名称	定额单位	数量	单价（元）				合价（元）			
				人工费	材料费	机械费	管理费和利润	人工费	材料费	机械费	管理费和利润
3-119	铝芯电力电缆敷设（截面直径120mm以下）	100m	0.01	389.15	200.64	35.78	196.73	3.89	2.01	0.36	1.97
3-125	电缆保护管敷设（石棉水泥管）	10m	0.1	45.15	16.43	—	22.58	4.52	1.64		2.26
人工单价		小　计						8.41	3.65	0.36	4.23
37.00元/工日		未计价材料费						65.87			
		清单项目综合单价						82.51			

材料费明细	主要材料名称、规格、型号			单位	数量	单价（元）	合价（元）	暂估单价（元）	暂估合价（元）
	铝芯电力电缆（VL-3×120）			m	1.01	40.20	40.60		
	φ100石棉水泥管			m	1.08	23.40	25.27		
	其他材料费					—		—	
	材料费小计					—	65.87		

工程量清单综合单价分析表（77） 表 5-81

工程名称：某小游园工程　　　　　　标段：　　　　　　第 页 共 页

项目编码	050306004001	项目名称		电气控制柜		计量单位		台		

清单综合单价组成明细

定额编号	定额名称	定额单位	数量	单 价（元）				合 价（元）			
				人工费	材料费	机械费	管理费和利润	人工费	材料费	机械费	管理费和利润
3—137	配电箱安装（落地式）	台	1	156.09	34.06	63.57	83.64	156.09	34.06	63.57	83.64
3—138	交流电供电系统调试	台	1	430.00	4.92	166.12	215.00	430.00	4.92	166.12	215.00
人工单价			小　计					586.09	38.98	229.69	298.64
37.00 元/工日			未计价材料费					192.00			
清单项目综合单价								1345.40			

材料费明细	主要材料名称、规格、型号				单位	数量	单价（元）	合价（元）	暂估单价（元）	暂估合价（元）
	配电箱（成套）				台	1	192.00	192.00		
	其他材料费						—		—	
	材料费小计						—	192.00	—	

工程量清单综合单价分析表（78） 表 5-82

工程名称：某小游园工程　　　　　　标段：　　　　　　第 页 共 页

项目编码	050201001007	项目名称		园路		计量单位		m²		

清单综合单价组成明细

定额编号	定额名称	定额单位	数量	单 价（元）				合 价（元）			
				人工费	材料费	机械费	管理费和利润	人工费	材料费	机械费	管理费和利润
3—491	园路土基整理路床	10m²	0.067	16.65	—	—	5.33	1.12	—	—	0.36
3—496	基础垫层（混凝土）	m³	0.132	67.34	159.42	10.48	21.55	8.89	21.04	1.38	2.84
3—519	花岗石板	10m²	0.1	179.45	2629.4	14.73	57.42	17.95	262.94	1.47	5.74
人工单价			小　计					27.96	283.98	2.85	8.94
37.00 元/工日			未计价材料费					—			
清单项目综合单价								323.73			

材料费明细	主要材料名称、规格、型号		单位	数量	单价（元）	合价（元）	暂估单价（元）	暂估合价（元）
	C10 混凝土 40mm 厚,强度等级为 32.5		m³	0.1346	154.28	20.77		
	花岗石板厚 50mm 以内		m²	1.01701	250.74	255.00		
	水泥,强度等级为 32.5		kg	4.58651	0.30	1.38		
	白水泥		kg	0.09971	0.52	0.05		
	干硬性水泥砂浆		m³	0.03021	167.12	5.05		
	素水泥浆		m³	0.001	457.23	0.46		

	主要材料名称、规格、型号	单位	数量	单价(元)	合价(元)	暂估单价(元)	暂估合价(元)
材料费明细	锯(木)屑	m³	0.00598	10.45	0.06		
	棉纱头	kg	0.00997	5.30	0.05		
	合金钢切割锯片	片	0.00419	61.75	0.26		
	水	m³	0.09191	4.10	0.38		
	其他材料费			—	0.50		
	材料费小计			—	283.98	—	

工程量清单综合单价分析表 (79)　　　　　　　　　表 5-83

工程名称：某小游园工程　　　　　　　标段：　　　　　　　　第　页　共　页

项目编码	050307018003	项目名称	砖石砌小摆设	计量单位	个	

清单综合单价组成明细

定额编号	定额名称	定额单位	数量	单价(元)				合价(元)			
				人工费	材料费	机械费	管理费和利润	人工费	材料费	机械费	管理费和利润
3-590	园林小摆设	m³	0.39	166.50	336.89	4.04	53.28	64.94	131.39	1.58	20.78
1-901	粘贴花岗石	10m²	0.3	333.89	2685.6	5.96	186.92	100.17	805.67	1.79	56.08
3-571	石球安装(球径600mm以内)	10 个	0.1	219.04	7182.3	4.47	70.10	21.90	718.23	0.45	7.01
人工单价		小　计						187.01	1655.3	3.81	83.87
37.00 元/工日		未计价材料费						—			
清单项目综合单价								1929.97			

	主要材料名称、规格、型号	单位	数量	单价(元)	合价(元)	暂估单价(元)	暂估合价(元)
材料费明细	M5 水泥砂浆	m³	0.09594	125.10	12.00		
	标准砖,240mm×115mm×53mm	百块	2.0709	28.20	58.40		
	钢筋(综合)	t	0.0156	3800	59.28		
	1:3 水泥砂浆	m³	0.04710	182.43	8.59		
	1:2 水泥砂浆	m³	0.01530	221.77	3.39		
	801 胶素水泥浆	m³	0.00060	495.03	0.30		
	花岗石(综合)	m²	3.06000	250.00	765.00		
	YI-Ⅲ胶粘剂	kg	1.39800	11.50	16.08		
	白水泥,白度 80	kg	0.51000	0.52	0.27		
	合金钢切割片	kg	0.09000	61.75	5.56		
	草酸	kg	0.03300	4.75	0.16		
	硬白蜡	kg	0.09000	3.33	0.30		
	松节油	kg	0.02100	3.80	0.08		
	棉纱头	kg	0.13200	5.30	0.70		
	煤油	kg	0.13200	4.00	0.53		
	水	m³	0.0240	4.10	0.10		
	φ600 石球	个	1.02000	700.00	714.00		
	碎石,5~40mm	t	0.03030	36.50	1.11		
	C20 混凝土 16mm 厚,强度等级为 32.5	m³	0.01230	186.30	2.29		

续表

材料费明细	主要材料名称、规格、型号	单位	数量	单价(元)	合价(元)	暂估单价(元)	暂估合价(元)
	1:2水泥砂浆	m³	0.00370	221.77	0.82		
	其他材料费			—	6.85	—	
	材料费小计			—	1655.3	—	

工程量清单综合单价分析表 (80)　　　　　表 5-84

工程名称：某小游园工程　　　　　　　　　　标段：　　　　　　　　　第　页　共　页

项目编码	010502001001	项目名称	矩形柱	计量单位	m³

清单综合单价组成明细

定额编号	定额名称	定额单位	数量	单价(元)				合　价(元)			
				人工费	材料费	机械费	管理费和利润	人工费	材料费	机械费	管理费和利润
1-279	矩形柱(自拌)	10m²	1	85.25	204.96	8.64	51.64	85.25	204.96	8.64	51.64
人工单价			小　计					85.25	204.96	8.64	51.64
37.00元/工日			未计价材料费					—			
清单项目综合单价								350.49			

材料费明细	主要材料名称、规格、型号	单位	数量	单价(元)	合价(元)	暂估单价(元)	暂估合价(元)
	C25混凝土 31.5mm 厚,强度等级为 32.5	m³	0.985	195.79	192.85		
	1:2水泥砂浆	kg	0.031	221.77	6.87		
	塑料薄膜	m²	0.28	0.86	0.24		
	水	m³	1.22	4.10	5.00		
	其他材料费			—		—	
	材料费小计			—	204.96	—	

工程量清单综合单价分析表 (81)　　　　　表 5-85

工程名称：某小游园工程　　　　　　　　　　标段：　　　　　　　　　第　页　共　页

项目编码	050307018003	项目名称	砖石砌小摆设	计量单位	m³

清单综合单价组成明细

定额编号	定额名称	定额单位	数量	单价(元)				合　价(元)			
				人工费	材料费	机械费	管理费和利润	人工费	材料费	机械费	管理费和利润
2-160	踏步、阶沿石	10m²	1	842.85	4656.1	63.12	488.39	842.85	4656.1	63.12	488.39
1-846	抹水泥砂浆(零星项目)	10m²	0.344	146.08	42.69	5.48	83.36	50.24	14.7	1.88	28.67
人工单价			小　计					893.09	4670.7	65.00	517.06
37.00元/工日			未计价材料费					—			
清单项目综合单价								6145.89			

材料费明细	主要材料名称、规格、型号	单位	数量	单价(元)	合价(元)	暂估单价(元)	暂估合价(元)
	踏步、阶沿石	m²	10.2	450.00	4590.0		
	干硬性水泥砂浆	m³	0.303	167.12	50.64		
	合金切割锯片	片	0.206	61.75	12.72		

材料费明细	主要材料名称、规格、型号	单位	数量	单价(元)	合价(元)	暂估单价(元)	暂估合价(元)
	1：2 水泥砂浆	m³	0.0282	221.77	6.25		
	1：3 水泥砂浆	m³	0.04367	182.43	7.97		
	801 胶素水泥浆	m³	0.00069	495.03	0.34		
	水	m³	0.0282	4.10	0.12		
	其他材料费			—	2.70		
	材料费小计			—	4670.7	—	

工程量清单综合单价分析表（82）　　　　　　表 5-86

工程名称：某小游园工程　　　　　　标段：　　　　　　第　页　共　页

项目编码	010101003007	项目名称	挖基础土方	计量单位	m³		

清单综合单价组成明细

定额编号	定额名称	定额单位	数量	单价(元)				合价(元)			
				人工费	材料费	机械费	管理费和利润	人工费	材料费	机械费	管理费和利润
1—2	人工挖土方	m³	1.147	7.33	—	—	4.03	8.41	—	—	4.62
1—123	原土打底夯	m³	0.287	4.88	—	1.93	3.75	1.40	—	0.55	1.08
人工单价		小　计						9.80		0.55	5.70
37.00 元/工日		未计价材料费						—			
清单项目综合单价								16.05			

材料费明细	主要材料名称、规格、型号	单位	数量	单价(元)	合价(元)	暂估单价(元)	暂估合价(元)
	其他材料费						
	材料费小计						

工程量清单综合单价分析表（83）　　　　　　表 5-87

工程名称：某小游园工程　　　　　　标段：　　　　　　第　页　共　页

项目编码	010404001007	项目名称	垫层	计量单位	m³		

清单综合单价组成明细

定额编号	定额名称	定额单位	数量	单价(元)				合价(元)			
				人工费	材料费	机械费	管理费和利润	人工费	材料费	机械费	管理费和利润
1—162	基础垫层（3：7 灰土）	m³	1	31.34	64.97	1.16	17.88	31.34	64.97	1.16	17.88
人工单价		小　计						31.34	64.97	1.16	17.88
37.00 元/工日		未计价材料费						—			
清单项目综合单价								115.35			

材料费明细	主要材料名称、规格、型号	单位	数量	单价(元)	合价(元)	暂估单价(元)	暂估合价(元)
	3：7 灰土	m³	1.01	63.51	64.15		
	水	m³	0.2	4.10	0.82		
	其他材料费			—	—		
	材料费小计			—	64.97		

工程量清单综合单价分析表(84) 　　　　　　　　　　　　　**表 5-88**

工程名称：某小游园工程　　　　　　　　　标段：　　　　　　　　　第 页 共 页

| 项目编码 | 010103001007 | 项目名称 | | 土(石)方回填 | | 计量单位 | | m³ | | |

清单综合单价组成明细

定额编号	定额名称	定额单位	数量	单 价(元)				合 价(元)			
				人工费	材料费	机械费	管理费和利润	人工费	材料费	机械费	管理费和利润
1-127	回填土，基槽、坑	m³	6.944	11.40	—	1.30	6.98	79.16	—	9.03	48.47
人工单价			小　计					79.16	—	9.03	48.47
37.00 元/工日			未计价材料费					—			
清单项目综合单价								136.66			

	主要材料名称、规格、型号				单位	数量	单价(元)	合价(元)	暂估单价(元)	暂估合价(元)
材料费明细										
	其他材料费						—	—		
	材料费小计						—	—		

工程量清单综合单价分析表（85） 　　　　　　　　**表 5-89**

工程名称：某小游园工程　　　　　　　　　标段：　　　　　　　　　第 页 共 页

| 项目编码 | 070101001003 | 项目名称 | | 贮水(油)池 | | 计量单位 | | m³ | | |

清单综合单价组成明细

定额编号	定额名称	定额单位	数量	单 价(元)				合 价(元)			
				人工费	材料费	机械费	管理费和利润	人工费	材料费	机械费	管理费和利润
1-358	混凝土池底(平底)	m³	1	67.4	213.6	22.51	49.50	67.40	213.6	22.51	49.50
1-913	瓷砖，152mm×152mm 以上(砂浆粘贴)	10m²	0.654	67.4	213.6	22.51	49.50	44.10	139.8	14.73	32.39
人工单价			小　计					111.50	353.4	37.24	81.89
37.00 元/工日			未计价材料费					15.26			
清单项目综合单价								599.31			

	主要材料名称、规格、型号				单位	数量	单价(元)	合价(元)	暂估单价(元)	暂估合价(元)
材料费明细		素水泥浆			m³	0.03337	457.23	15.3		
	其他材料费						—	—		
	材料费小计						—	15.3		

工程量清单综合单价分析表（86） 　　　　　　　**表5-90**

工程名称：某小游园工程　　　　　　　标段：　　　　　　　　第　页　共　页

| 项目编码 | 070101002003 | 项目名称 | | 贮水（油）池 | | 计量单位 | | m³ | | |

清单综合单价组成明细

定额编号	定额名称	定额单位	数量	单　价（元）				合　价（元）			
				人工费	材料费	机械费	管理费和利润	人工费	材料费	机械费	管理费和利润
1−373	钢筋混凝土池壁（矩形）	m³	1	67.4	213.6	22.51	49.50	67.40	213.6	22.51	49.50
1−913	瓷砖,52mm×152mm 以上（砂浆粘贴）	10m²	0.448	67.4	213.6	22.51	49.50	30.17	95.6	10.08	22.16
1−901	粘贴花岗石	10m²	0.636	333.89	2685.6	5.96	186.92	212.51	1709.3	3.79	118.97
人工单价		小　计						310.08	2018.5	36.38	190.62
37.00元/工日		未计价材料费						10.44			
清单项目综合单价								2566.02			

材料费明细	主要材料名称、规格、型号	单位	数量	单价（元）	合价（元）	暂估单价（元）	暂估合价（元）
	素水泥浆	m³	0.02283	457.23	10.4		
	其他材料费			—		—	
	材料费小计			—	10.4	—	

工程量清单综合单价分析表（87） 　　　　　　　**表5-91**

工程名称：某小游园工程　　　　　　　标段：　　　　　　　　第　页　共　页

| 项目编码 | 010903003003 | 项目名称 | | 砂浆防水（潮） | | 计量单位 | | m² | | |

清单综合单价组成明细

定额编号	定额名称	定额单位	数量	单　价（元）				合　价（元）			
				人工费	材料费	机械费	管理费和利润	人工费	材料费	机械费	管理费和利润
1−846	抹水泥砂浆（零星项目）	m³	0.1	146.08	42.69	5.48	83.36	14.61	4.3	0.55	8.34
人工单价		小　计						14.61	4.3	0.55	8.34
37.00元/工日		未计价材料费						—			
清单项目综合单价								23.49			

材料费明细	主要材料名称、规格、型号	单位	数量	单价（元）	合价（元）	暂估单价（元）	暂估合价（元）
	1：2 水泥砂浆	m³	0.0082	221.77	1.8		
	1：3 水泥砂浆	m³	0.0127	182.43	2.32		
	801胶素水泥浆	m³	0.00	495.03	0.10		
	水	kg	0.01	4.10	0.03		
	其他材料费			—		—	
	材料费小计			—	4.3	—	

工程量清单综合单价分析表（88）　　　　　表 5-92

工程名称：某小游园工程　　　　　标段：　　　　　第　页　共　页

项目编码	010515001007	项目名称	现浇混凝土钢筋	计量单位	t

清单综合单价组成明细

定额编号	定额名称	定额单位	数量	单价（元）				合价（元）			
				人工费	材料费	机械费	管理费和利润	人工费	材料费	机械费	管理费和利润
1-479	现浇构件钢筋(φ8)	t	1	517.26	3916.6	128.48	355.16	517.26	3916.6	128.48	355.16
人工单价			小　计					517.26	3916.6	128.48	355.16
37.00 元/工日			未计价材料费					—			
清单项目综合单价								4917.50			

材料费明细	主要材料名称、规格、型号	单位	数量	单价（元）	合价（元）	暂估单价（元）	暂估合价（元）
	钢筋(综合)	m³	1.02	3800	3876		
	22 号镀锌钢丝	m³	6.85	4.60	31.51		
	电焊条	m³	1.86	4.80	8.93		
	水	m³	0.04	4.10	0.16		
	其他材料费			—		—	
	材料费小计			—	3916.6		

工程量清单综合单价分析表（89）　　　　　表 5-93

工程名称：某小游园工程　　　　　标段：　　　　　第　页　共　页

项目编码	050305004001	项目名称	现浇混凝土桌凳	计量单位	个

清单综合单价组成明细

定额编号	定额名称	定额单位	数量	单价（元）				合价（元）			
				人工费	材料费	机械费	管理费和利润	人工费	材料费	机械费	管理费和利润
1-18	人工挖地槽、地沟，二类干土	m³	5.77	10.99	—	—	6.05	63.41	—	—	34.91
1-123	原土打底夯(基槽、坑)	10m²	2.06	4.88	—	1.93	3.75	10.05	—	—	7.73
1-170	基础垫层(混凝土自拌)	m³	0.33	60.83	160.23	4.75	36.07	20.07	52.88	1.57	11.90
1-275	柱承台独立基础	m³	0.10	33.30	182.89	22.56	30.72	3.33	18.29	2.26	3.07
1-127	回填土，基槽、坑	m³	5.09	11.40	—	1.30	6.98	58.03	—	6.62	35.53
1-356	小型构件(自拌)	m³	0.34	108.34	216.95	13.33	66.92	36.84	73.76	4.53	22.75
1-479	现浇构件钢筋(φ8)	t	0.033	517.26	3916.6	128.48	355.16	17.07	129.2	4.24	11.72
1-479	现浇构件钢筋(φ8)	t	0.020	517.26	3916.6	128.48	355.16	10.35	78.3	2.57	7.10

续表

清单综合单价组成明细

定额编号	定额名称	定额单位	数量	单价(元)				合价(元)			
				人工费	材料费	机械费	管理费和利润	人工费	材料费	机械费	管理费和利润
1—479	现浇构件钢筋(φ8)	t	0.002	517.26	3916.6	128.48	355.16	1.03	7.83	0.26	0.71
人工单价		小　计						1.03	7.83	0.26	0.71
37.00元/工日		未计价材料费						—			
清单项目综合单价								9.83			

	主要材料名称、规格、型号		单位	数量	单价(元)	合价(元)	暂估单价(元)	暂估合价(元)
材料费明细	水		kg	0.00008	4.10	0.003		
	钢筋(综合)		m³	0.00204	3800	7.75		
	22号镀锌钢丝		m³	0.0014	4.60	0.06		
	电焊条		m³	0.004	4.80	0.02		
	其他材料费					—		
	材料费小计					7.83	—	

工程量清单综合单价分析表(90)　　　　　　表5-94

工程名称：某小游园工程　　　　　标段：　　　　　　　第　页　共　页

项目编码	010101003008	项目名称	挖基础土方	计量单位	m³

清单综合单价组成明细

定额编号	定额名称	定额单位	数量	单价(元)				合价(元)			
				人工费	材料费	机械费	管理费和利润	人工费	材料费	机械费	管理费和利润
1—50	人工挖地坑,二类土	m³	3.754	13.84			7.61	51.96			28.57
1—123	原土打底夯	m³	0.577	4.88		1.93	3.75	2.82		1.11	2.17
人工单价		小　计						54.78	—	1.11	30.74
37.00元/工日		未计价材料费						—			
清单项目综合单价								86.63			

	主要材料名称、规格、型号		单位	数量	单价(元)	合价(元)	暂估单价(元)	暂估合价(元)
材料费明细								
	其他材料费					—		
	材料费小计					—		

工程量清单综合单价分析表（91）　　　　　　　　表 5-95

工程名称：某小游园工程　　　　　　标段：　　　　　　第　页　共　页

项目编码	010404001008	项目名称		垫层		计量单位	m³		

清单综合单价组成明细

定额编号	定额名称	定额单位	数量	单　价（元）				合　价（元）			
				人工费	材料费	机械费	管理费和利润	人工费	材料费	机械费	管理费和利润
1—162	基础垫层（3：7灰土）	m³	1	31.34	64.97	1.16	17.88	31.34	64.97	1.16	17.88
	人工单价			小　计				31.34	64.97	1.16	17.88
	37.00 元/工日			未计价材料费				—			
	清单项目综合单价							115.35			

	主要材料名称、规格、型号	单位	数量	单价（元）	合价（元）	暂估单价（元）	暂估合价（元）
材料费明细	3：7灰土	m³	1.01	63.51	64.15		
	水	m³	0.2	4.10	0.82		
	其他材料费			—		—	
	材料费小计			—	64.97		

工程量清单综合单价分析表（92）　　　　　　　　表 5-96

工程名称：某小游园工程　　　　　　标段：　　　　　　第　页　共　页

项目编码	010501003004	项目名称		独立基础		计量单位	m³		

清单综合单价组成明细

定额编号	定额名称	定额单位	数量	单　价（元）				合　价（元）			
				人工费	材料费	机械费	管理费和利润	人工费	材料费	机械费	管理费和利润
1—275	柱承台独立基础	m³	1	33.30	182.89	22.56	30.72	33.30	182.89	22.56	30.72
	人工单价			小　计				33.30	182.89	22.56	30.72
	37.00 元/工日			未计价材料费				—			
	清单项目综合单价							269.47			

	主要材料名称、规格、型号	单位	数量	单价（元）	合价（元）	暂估单价（元）	暂估合价（元）
材料费明细	C20 混凝土 40mm 厚，强度等级为 32.5	m³	1.015	175.90	178.54		
	塑料薄膜	m²	0.81	0.86	0.70		
	水	m³	0.89	4.10	3.65		
	其他材料费			—		—	
	材料费小计			—	182.89		

工程量清单综合单价分析表（93）

表 5-97

工程名称：某小游园工程　　　　　　　　标段：　　　　　　　　第　页　共　页

项目编码	010103001008	项目名称			土（石）方回填		计量单位	m³		

清单综合单价组成明细

定额编号	定额名称	定额单位	数量	单价（元）				合价（元）			
				人工费	材料费	机械费	管理费和利润	人工费	材料费	机械费	管理费和利润
1－127	回填土，基槽、坑	m³	6.537	11.40	—	1.30	6.98	74.52	—	8.50	45.63
人工单价			小　计					74.52	—	8.50	45.63
37.00元/工日			未计价材料费					—			
清单项目综合单价								128.64			

	主要材料名称、规格、型号			单位	数量	单价（元）	合价（元）	暂估单价（元）	暂估合价（元）
材料费明细									
	其他材料费					—		—	
	材料费小计					—		—	

工程量清单综合单价分析表（94）

表 5-98

工程名称：某小游园工程　　　　　　　　标段：　　　　　　　　第　页　共　页

项目编码	050307001001	项目名称			石灯		计量单位	个		

清单综合单价组成明细

定额编号	定额名称	定额单位	数量	单价（元）				合价（元）			
				人工费	材料费	机械费	管理费和利润	人工费	材料费	机械费	管理费和利润
1－282	圆形柱（自拌）	m³	0.046	91.46	204.80	8.64	55.05	4.19	9.39	0.40	2.52
1－682	方木楞	m³	0.0001	45.15	16.43	—	64.62	0.004	0.001		0.01
人工单价			小　计					4.20	9.39	0.40	2.53
37.00元/工日			未计价材料费					—			
清单项目综合单价								16.51			

	主要材料名称、规格、型号	单位	数量	单价（元）	合价（元）	暂估单价（元）	暂估合价（元）
材料费明细	C25 混凝土 31.5mm 厚，强度等级为 32.5	m³	0.04515	195.79	8.84		
	1：2 水泥砂浆	m³	0.00142	221.77	0.32		
	塑料薄膜	m²	0.00642	0.86	0.01		
	水	m³	0.05546	4.10	0.23		
	普通成材	m³	0.0001	1599.0	0.14		
	垫木	m³	0.00001	1249.0	0.01		
	铁钉	kg	0.0001	4.10	0.0003		
	水柏油	kg	0.00017	1.90	0.0003		
	其他材料费			—		—	
	材料费小计			—	9.39		

工程量清单综合单价分析表（95）

表 5-99

工程名称：某小游园工程　　　　　　　　标段：　　　　　　　　第 页 共 页

项目编码	011202002001	项目名称	柱面装饰抹灰	计量单位	m²

清单综合单价组成明细

定额编号	定额名称	定额单位	数量	单　价（元）				合　价（元）			
				人工费	材料费	机械费	管理费和利润	人工费	材料费	机械费	管理费和利润
1－850	柱、梁抹水泥砂浆（混凝土柱、梁）	m³	0.1	131.87	44.94	5.87	75.76	13.18	4.49	0.59	7.57
人工单价		小　计						13.18	4.49	0.59	7.57
37.00 元/工日		未计价材料费						—			
清单项目综合单价								21.34			

材料费明细	主要材料名称、规格、型号	单位	数量	单价（元）	合价（元）	暂估单价（元）	暂估合价（元）
	1：2.5 水泥砂浆	m³	0.0086	207.03	1.78		
	1：3 水泥砂浆	m³	0.01359	182.43	2.48		
	801 胶素水泥浆	m³	0.0004	495.03	0.20		
	水	m³	0.0085	4.1	0.03		
	其他材料费				—		—
	材料费小计				4.49		—

工程量清单综合单价分析表（96）

表 5-100

工程名称：某小游园工程　　　　　　　　标段：　　　　　　　　第 页 共 页

项目编码	010515001008	项目名称	现浇混凝土钢筋	计量单位	t

清单综合单价组成明细

定额编号	定额名称	定额单位	数量	单　价（元）				合　价（元）			
				人工费	材料费	机械费	管理费和利润	人工费	材料费	机械费	管理费和利润
1－479	现浇构件钢筋(φ8)	t	1	517.26	3916.6	128.48	355.16	517.26	3916.6	128.48	355.16
人工单价		小　计						517.26	3916.6	128.48	355.16
37.00 元/工日		未计价材料费									
清单项目综合单价								4917.50			

材料费明细	主要材料名称、规格、型号	单位	数量	单价（元）	合价（元）	暂估单价（元）	暂估合价（元）
	钢筋（综合）	m³	1.02	3800	3876		
	22 号镀锌钢丝	m³	6.85	4.60	31.51		
	电焊条	m³	1.86	4.80	8.93		
	水	m³	0.04	4.10	0.16		
	其他材料费				—		—
	材料费小计				3916.6		—

工程量清单综合单价分析表（97）　　　　表 5-101

工程名称：某小游园工程　　　　　　　标段：　　　　　　　　第 页 共 页

项目编码	010515001009	项目名称		现浇混凝土钢筋		计量单位		t	

清单综合单价组成明细

定额编号	定额名称	定额单位	数量	单　价（元）				合　价（元）			
				人工费	材料费	机械费	管理费和利润	人工费	材料费	机械费	管理费和利润
1-479	现浇构件钢筋（φ8）	t	1	517.26	3916.6	128.48	355.16	517.26	3916.6	128.48	355.16
人工单价			小　计					517.26	3916.6	128.48	355.16
37.00 元/工日			未计价材料费								
清单项目综合单价								4917.50			

材料费明细	主要材料名称、规格、型号				单位	数量	单价（元）	合价（元）	暂估单价（元）	暂估合价（元）
	钢筋(综合)				m³	1.02	3800	3876		
	22 号镀锌钢丝				m³	6.85	4.60	31.51		
	电焊条				m³	1.86	4.80	8.93		
	水				m³	0.04	4.10	0.16		
	其他材料费						—		—	
	材料费小计						—	3916.6	—	

6. 总价措施项目清单与计价表

某小游园的总价措施项目清单与计价表见表 5-102。

措施项目清单与计价表（98）　　　　表 5-102

工程名称：某小游园工程　　　　　　　标段：　　　　　　　　第 页 共 页

序号	项目名称	计算基础	费率	金额（元）
1	现场安全文明施工措施费	分部分项工程费(411071.42 元)	0.7%	2877.50
2	临时设施费		0.26%~0.70%	2877.50
3	夜间施工增加费			
4	二次搬运费	分部分项工程费(411071.42 元)	1.1%	4521.79
5	大型机械设备进出场及安拆			
6	施工排水、降水			
合　计				10276.79

注：1. 本表适用于以"项"计价的措施项目。

　　2. 根据建设部、财政部发布的《建筑安装工程费用组成》（建标[2003]206 号）的规定，"计算基础"可分为"直接费"、"人工费"或"人工费+机械费"。

7. 其他项目清单与计价汇总表

某小游园的总承包服务费计价表见表 5-103。

其他项目清单与计价汇总表(99)　　　　　　　　　　**表 5-103**

工程名称:某小游园工程　　　　　　标段:　　　　　　　第　页　共　页

序号	项目名称	计量单位	金额(元)	备注
1	总承包服务费	项	12640.45	
2	预留金			
2.1	零星工作项目费			
2.2				
3				
4				
5				
	合　　计		12640.45	—

8. 总承包服务费计价表

某小游园的总承包服务费计价表见表 5-104。

总承包服务费计价表(100)　　　　　　　　　**表 5-104**

工程名称:某小游园工程　　　　　　标段:　　　　　　　第　页　共　页

序号	项目名称	计算基础	服务内容	费率	金额(元)
1	总承包	工程总造价		2%～3%	12640.45
2	总分包	工程总造价		3%～5%	—
	合　　计				12640.45

【注释】　这里的计算基础为"工程总造价",它包括前面计算的措施项目费(10276.79 元),分部分项工程费(411071.42 元),以及后面所计算的其他项目费、规费税金,以及在工程施工过程中所涉及的模板以及脚手架的使用费用,在这里我们计算理论试题时只需要考虑相应的理论部分即可,本表中总承包取的费率为 3%,这里的费率也是根据工程发生的实际情况来具体确定的,这里我们计算的只是一个理论数值;而这里的总分包工程中由于分包的工程是不确定的,只有在实际工程发生中才能确定,所以这里的总分包在做理论试题中是无法计算的。

9. 规费、税金项目清单与计价表

某小游园的规费、税金项目清单与计价表见表 5-105。

规费、税金项目清单与计价表(101)　　　　　　　表 5-105

工程名称:某小游园工程　　　　　　标段:　　　　　　　　第　页　共　页

序号	项目名称	计算基础	费率	金额(元)
1	规费			
1.1	工程定额测定费	工程不含税造价(433988.66 元)	0.1‰	433.99
1.2	安全生产监督费	工程不含税造价(433988.66 元)		
1.3	劳动保险费	分部分项工程费+措施目费+ 其他项目费(433988.66 元)	1.3‰	5641.85
2	税金		按各市规定计取	
	合　计			6075.84

注:根据建设部、财政部发布的《建筑安装工程费用组成》(建标[2003]206 号)的规定,"计算基础"可为"直接费"、"人工费"或"人工费+机械费"。

第6章 某小游园绿化工程工程算量要点提示

（1）根据施工图纸、施工技术方案，结合清单项目和定额项目的特点，按照一定的计算顺序，分别列出需要计算的清单子目和定额子目。合理安排子目工程量的计算顺序，可以避免交叉反复查找，从而节省计算时间。

（2）对于清单工作量和定额工程量的计算都要按照一定的计算顺序来进行，避免遗漏，例如清单工程量计算和定额工程量计算都分别对绿化工程部分，园林、园桥工程部分和园林景观工程部分三部分来计算其工程量。还要分别对各个部分中的各个小部分进行计算，例如定额工程量计算中的园林绿化工程工程量计算是从平整场地和栽植苗木两个部分来进行的，还可对栽植苗木部分进行更细一步的划分。最终的目的就是对各个定额和清单工程量的计算结果要正确，不遗漏。

（3）要熟悉工程量计算规则，计算工程量是按照一定的计算规则进行的，因此要熟知工程量计算规则，同时应注意区分定额工程量计算规则和清单工程量计算规则的区别与联系，以便快速、准确地计算工程量，而不会因不熟悉计算规则而耽误时间。

（4）有的工程子目在计算工程量时有相应的计算公式，在计算其工程量时，不需要花费大量的时间进行分析，只需要看是否符合相应公式的特点即可。运用相关的计算公式，可以便捷、快速地计算其工程量。相关的计算公式如下：

① 基础大放脚的计算公式：

等高式大放脚折算断面积＝$a \times b \times n \times (n+1)$

式中 a、b——大放脚的宽度、高度；

n——大放脚的步数。

② 假山工程量的计算公式：

$$W = A \cdot H \cdot R \cdot K_n$$

式中 W——石料质量（t）；

A——假山平面轮廓的水平投影面积（m^2）；

H——假山着地点至最高顶点的垂直距离（m）；

R——石料密度：黄（杂）石 2.6t/m^3、湖石 2.2t/m^3；

K_n——折算系数：高度在 2m 以内 $K_n = 0.65$，高度在 4m 以内 $K_n = 0.56$。

③ 峰石、景石、散点、踏步等工程量的计算公式：

$$W_单 = L_均 \cdot B_均 \cdot H_均 \cdot R$$

式中 $W_单$——山石单体质量（t）；

$L_均$——长度方向的平均值（m）；

$B_均$——宽度方向的平均值（m）；

$H_均$——高度方向的平均值（m）；

R——石料密度（同前式）。

（5）本例进行清单组价时套用的是江苏省的定额，其人工、机械、材料费用是根据江苏省的现状确定的，价格采用的也是江苏省定额中的数据，造价工作者应根据自己所在省份的实际情况套用定额，采用最新的市场材料价格信息进行清单组价。